Barbara Brüning/Burkhart Brüning/Michael Krieger
in Zusammenarbeit mit dem Kompetenzzentrum
Naturschutz und Energiewende

Erneuerbare Energien im Diskurs – mit Projektideen für eine klimaneutrale Schule

Klassen 7–10

Cornelsen

Autor/-innen dieses Bandes

Prof. Dr. Barbara Brüning war Professorin für Philosophiedidaktik und allgemeine Erziehungswissenschaft an der Universität Hamburg. Sie arbeitet seit mehr als 25 Jahren auch für den Cornelsen Verlag als Autorin von Ethik- und Philosophielehrbüchern für alle Schulformen. Ihre Schwerpunkte sind Philosophieren mit Kindern und Jugendlichen sowie Angewandte Ethik.

Burkhart Brüning war Oberstudienrat und Fachleiter für die Fächer Physik, Mathematik und Informatik an einem Hamburger Gymnasium. Aktuell erstellt er Unterrichtsmaterialien und unterrichtet im Bereich der Erwachsenenbildung.

Michael Krieger war von 2016 bis 2022 Geschäftsführer beim Kompetenzzentrum Naturschutz und Energiewende. Er ist ausgebildeter Bankkaufmann und studierte Kulturwissenschaften an der Europa-Universität Viadrina (Bachelor) und General Management an der Steinbeis-Hochschule (Master). Das Kompetenzzentrum hat die Aufgabe, zu einer Versachlichung von Debatten über Naturschutz und Energiewende sowie zur Vermeidung von Konflikten vor Ort beizutragen.

Projektleitung: Juliane Maaß, Berlin
Redaktion: Katia Simon, Essen
Umschlagkonzeption/-gestaltung: Corinna Babylon, Berlin
Umschlagabbildungen: Symbole: Shutterstock / Liudmila Klymenko / Hintergrund grün: stock.adobe.com/2006 Adobe Systems, Inc. All Rights Reserved./Copyright(C)2000
Layout: krauß-verlagsservice, Ederheim/Hürnheim
Technische Umsetzung: Reemers Publishing Services GmbH, Krefeld

www.cornelsen.de

1. Auflage 2022

Druck: H. Heenemann, Berlin

ISBN 978-3-589-16879-8

PEFC
PEFC/04-31-1156

PEFC zertifiziert
Dieses Produkt stammt aus nachhaltig bewirtschafteten Wäldern und kontrollierten Quellen.

www.pefc.de

Inhaltsverzeichnis

4 Erneuerbare Energien und ethische Fragen

5 Erneuerbare Energien und Akzeptanz vor Ort

6 Eine klimaneutrale Schule gestalten

7 Weiterführende Literatur und Links für den Unterricht

Vorwort

Starkregen und Überschwemmungen in Deutschland, Hitzerekorde und Brände in der Mittelmeerregion und in Sibirien – der Klimawandel schreitet voran. Die extremen Wetterereignisse werden auf verschiedenen Kontinenten der Welt verstärkt durch den zunehmenden CO_2-Ausstoß hervorgerufen, der wiederum zu einer steigenden Erderwärmung führt. Eine wesentliche Ursache hierfür ist u. a. der Energieverbrauch durch fossile Brennstoffe wie Kohle, Gas und Erdöl. Damit der Klimawandel gestoppt wird, ist es daher wichtig, den Umbau von Industrie und Gesellschaft durch regenerative Energien auf den Weg zu bringen, die in der Natur unerschöpflich vorhanden sind. Dies ist nicht nur eine Aufgabe von Politik und Wirtschaft, sondern ein Auftrag an die gesamte Gesellschaft und vor allem an die junge Generation, die mit den Folgen des Klimawandels künftig leben muss. Deshalb beginnt aus unserer Sicht der Umbau der Energiebasis unserer Gesellschaft durch erneuerbare Energien schon in der Schule, theoretisch im Unterricht verschiedener Fächer und praktisch bei der Gestaltung des energetischen Systems im Schulalltag.

Unser Themenheft stellt den Anspruch, Probleme der erneuerbaren Energien von verschiedenen Seiten aus zu beleuchten, d. h. ihren Ursprung und ihre Funktionsweise zu erklären, auf ethische Dilemmata aufmerksam zu machen, gesellschaftliche Akzeptanzprobleme zu thematisieren und praktische Hinweise für den Energieverbrauch im Schulalltag zu geben. Unsere Vorschläge können deshalb Grundlage eines fächerübergreifenden Unterrichts in den Klassen 7 bis 10 sein – hier sind die Fächer Physik, Ethik/Philosophie sowie Politik und Wirtschaft beteiligt. Sie lassen sich aber auch in einer Projektwoche bearbeiten, bei der sich die Schüler/-innen z. B. für einen Bereich der erneuerbaren Energien entscheiden und diesen vertieft kennenlernen.

Im **ersten Kapitel** wird die Urelemente-Theorie der antiken griechischen Philosophie als Grundlage erneuerbarer Energien vorgestellt. Feuer, Wasser, Luft und Erde galten als die kleinsten Bausteine der Welt, die unerschöpflich vorhanden sind und ewig existieren.

Das **zweite Kapitel** nimmt diesen Gedanken auf und stellt die Wirkungsweise der Solar-, Wasser-, Wind- und Geo-Energie vor. Im Mittelpunkt stehen dabei vor allem die Energieumwandlungen.

Das **dritte Kapitel** fokussiert sich auf die Funktionsweise verschiedener technischer Anwendungen wie Solar- und Wasserkraftwerke, Windräder oder Geothermen.

Der Bau technischer Anlagen kann auch mit ethischen Problemen wie dem Naturschutz und dem Erhalt der biologischen Vielfalt verbunden sein, die im **vierten Kapitel** im Vordergrund stehen. So gibt es beispielsweise in der Landwirtschaft einen Konflikt zwischen dem Anbau von Nutzpflanzen für die Ernährung und dem Anbau von Energiepflanzen zur Herstellung von Biomasse. Die Schüler/-innen werden angeregt, darüber nachzudenken, wie es gelingen könnte, beide Anbauweisen miteinander in ein ausgewogenes Verhältnis zu bringen.

Technische Umsetzungen erneuerbarer Energien können auch mit Fragen gesellschaftlicher Akzeptanz verbunden sein, die im **fünften Kapitel** diskutiert werden. Ausgangspunkt der Diskussion ist die Geschichte „Die Gemeinde Zinzow und der Streit um die Windenergie“. Sie erzählt vom Wunsch nach klimaneutralem Strom auf der einen Seite und der möglichen Lärm- und Naturbeeinträchtigung durch Windräder auf der anderen Seite und zeigt, dass technische Probleme erneuerbarer Energien den Alltag von Menschen in verschiedenen Regionen beeinflussen. Wie sie gelöst werden können, sollen die Jugendlichen in einem Planspiel zunächst selbst herausfinden, bevor sie dann den Schluss der Geschichte kennenlernen und bewerten.

Zum Abschluss sollen die Schüler/-innen im **sechsten Kapitel** selbst aktiv werden und sich über CO_2-Einsparungen in ihrem Schulalltag Gedanken machen, damit in ihrer Schule möglichst bald ein klimaneutraler Schulalltag stattfinden kann. Die Kopiervorlagen zu diesem Thema stellen lediglich einen Einstieg in das Projekt „Klimaneutrale Schule" dar, zu dem es bereits seit einigen Jahren viele Veröffentlichungen gibt, von denen wir einige im Anhang unter der Rubrik „Weiterführende Literatur und Links für den Unterricht" auflisten.

Wir hoffen, dass wir mit unseren Ideen den Anstoß zu einer vertiefenden Beschäftigung mit erneuerbaren Energien im Curriculum der Schule geben können. Unser Ziel ist es, dass sich die Schüler/-innen selbst Gedanken darüber machen, wie sie in ihrem Alltag annähernd Klimaneutralität erreichen können.

Barbara Brüning, Burkhart Brüning, Michael Krieger
und das Kompetenzzentrum Naturschutz und Energiewende in Berlin, Frühjahr 2022

1 | Urstoffe als Grundlage erneuerbarer Energien

ZUM THEMA

Die vier Urelemente Wasser, Luft, Erde und Feuer spielen in vielen Jahrtausende alten Mythologien und Religionen eine wichtige Rolle für die Entstehung der Welt. Sie gehören auch seit dem Beginn der philosophischen Tradition im 6. Jahrhundert vor Christus in Griechenland und China zum Urgrund allen Seins, d. h. sie bilden die konstitutiven Elemente, aus denen alles im Universum entsteht und vergeht. Die Philosophinnen und Philosophen betrachteten sie als ewig und unerschöpflich. Diese ihnen zugeschriebene Eigenschaft qualifiziert sie auch im 21. Jahrhundert als Grundlage erneuerbarer Energien – der Wasser-, Wind-, Erd- und Sonnenenergie. Im Gegensatz zu den fossilen Brennstoffen sind sie ewig und unerschöpflich in der Natur vorhanden.

DIDAKTISCH-METHODISCHE HINWEISE

Im Mittelpunkt dieses Kapitels stehen neben fachlichen Kompetenzen über die vier Urstoffe insbesondere die *Entwicklung von Argumentations- und Dialogkompetenzen*: am Gespräch über die Urelemente teilnehmen und seinen Standpunkt begründen können. Auch die visuelle Kommunikation in Form von Zeichnungen oder Symbolen, z. B. bei den KV 3, 6 und 7, wird gefördert. Die Schüler/-innen sollen ihre Vorstellungskraft schärfen und sich eine Welt vorstellen, auf der eines oder mehrere dieser Urelemente fehlen. Aufgaben, bei denen komplexe Zusammenhänge erörtert werden sollen, werden mit „Wir philosophieren" gekennzeichnet.

KV 1: Der Text der Schweizer Philosophin Jeanne Hersch stellt die frühen Philosophen von Milet vor, die in den KV 2, 3 und 4 die Urstoffe Wasser, Luft und Feuer einführen. Jeanne Hersch gibt den Schüler/-innen eine Erklärung, warum die Milesier die Idee der Urstoffe entwickelt haben. Der Text kann sowohl als Einführung in das Thema fungieren als auch am Schluss der Unterrichtseinheit als Zusammenfassung eingesetzt werden.

KV 2: Wir beginnen mit dem Urstoff „Wasser", weil der älteste Philosoph der Weltgeschichte Thales von Milet (ca. 624–546 v. Chr.) diesen als Urgrund aller Dinge angesehen hat. Die Schüler/-innen sollen diesen Gedanken erklären (Aufgabe 1). Mögliche Antworten wären, dass alles Leben im Wasser entsteht und wieder zu Wasser wird, wenn es in Auflösung übergeht. Da Thales auch in Ägypten als Geometer (Vermessungsingenieur) arbeitete, beobachtete er möglicherweise beim Bau von Bewässerungssystemen, dass aus Wasser fruchtbarer Boden entstehen kann. Hierauf beruht die in Ägypten verbreitete Verehrung des Nils als Gott. Der Projektauftrag soll die Schüler/-innen auch auf mythische und religiöse Traditionen des Urstoffs Wasser aufmerksam machen. So taucht beispielswese in der altägyptischen Kosmologie der Urhügel aus dem Wasser auf, und in der Schöpfungsgeschichte des Alten Testaments lässt Gott in sieben Tagen den ganzen Kosmos aus der Urflut entstehen.

KV 3: Diese Kopiervorlage bezieht sich direkt auf die Wassertheorie von Thales (KV 1). Mögliche Antworten auf die Arbeitsaufgabe 1 sind, dass Anaximenes Wasser wahrscheinlich für verdichtete Luft hielt. Er beobachtete möglicherweise, dass beim Regen Wasser aus der Luft gepresst wird. Bei der philosophischen Nachdenkaufgabe (Wir philosophieren) sollte zunächst der Begriff der Seele geklärt werden.

KV 4: Bevor das dritte Urelement vorgestellt wird, gibt die Philosophin und Theologin Hildegard von Bingen eine Charakteristik der bisherigen Urelemente Wasser und Luft. Die Schüler/-innen sollen nach der Lektüre ihres kurzen Textes die Gedanken von Hildegard weiterentwickeln. Sie schreiben auf, welche Rolle Feuer und Erde auf der Welt spielen könnten (Aufgabe 1). Bei der Aufgabe zum Philosophieren sollen sich die Jugendlichen eine Welt vorstellen, auf der es kein Wasser gibt. Diese Aufgabe könnte auch als Gedankenkette bearbeitet werden (siehe unten „Eine besondere Methode").

KV 5: Das dritte Urelement, das Feuer, wird von dem griechischen Philosophen Heraklit vorgestellt. Er setzte das Feuer mit der Sonne gleich, die für ihn der Urgrund allen Seins war. Die Schüler/-innen sollen in der Aufgabe 1 die Bedeutung der Sonne für das Universum erklären. Mögliche Stichworte sind: Wärme, Helligkeit, Photosynthese, Energiequelle, Fruchtbarkeit, Einteilung von Tag und Nacht usw. In den Klassen 9/10 kann als Weiterführung das Sonnengleichnis von Platon gelesen werden. Platon erklärt die Sonne zur zentralen Kraft im Bereich des Sichtbaren; sie ermögliche das „Gesehenwerden der Dinge" und das Sehen der Augen. Als weiterführende Lektüre zu Platon kann auch das Buch von Jeanne Hersch verwendet werden (Literaturangabe siehe KV 1).

KV 6: Hildegard von Bingen war die wichtigste Universalgelehrte des 12. Jahrhunderts; sie sollte deshalb nach Internetrecherchen im Unterricht in einem Kurzreferat vorgestellt werden. Bei der Aufgabe 2 sollen die Schüler/-innen die Bedeutung der Steine für Mensch und Natur erklären. Mögliche Antworten sind beispielsweise, dass Steine als Objekte aus Mineralien zur unbelebten Natur gehören und als Minitaturenergiespeicher dienen. Sie können als Edelsteine auch zum Schmuck des Menschen beitragen und als Baumaterialien fungieren. In einigen Ländern Afrikas und Asiens wird Steinen auch eine heilende Wirkung zugeschrieben. Hierzu könnte auch ein zusätzliches Kurzreferat vergeben werden.

KV 7: Der griechische Philosoph Empedokles fasst alle vier Urelemente zusammen. Nach seiner Auffassung gibt es unterschiedliche Naturerscheinungen, weil sich das Mischungsverhältnis der vier Urstoffe ständig verändere. Die Schüler/-innen sollen in der Aufgabe 1 sozusagen als Zusammenfassung des bisher Gelernten vier Symbole für die Urelemente entwerfen. Dazu könnte als Abschluss der gesamten Unterrichtseinheit in kleinen Gruppen ein Spiel gestaltet werden, z. B. ein Urelemente-Quartett.

Eine besondere Methode: Die Gedankenkette (KV 6)

Die Schüler/-innen sollen (philosophische) Gedanken weiterdenken und gleichzeitig bestimmte Regeln beachten. Es wird zunächst ein hypothetischer Gedanke (von der Lehrkraft) formuliert: Wie sähe eine Welt ohne Wasser aus? Anschließend muss jede/-r Schüler/-in der Reihe nach einen Gedanken dazu äußern, wie z. B.: „Dann würde nichts mehr wachsen". Anschließend folgt der nächste Gedanke: „Und nichts mehr blühen." Keiner darf wiederholen, was jemand vorher schon gesagt hat, d. h. die letzte Person hat es am schwersten, weil sie genau zuhören muss. Die Kette bricht ab, wenn jemand wiederholt, was schon gesagt wurde, oder nicht mehr weiterweiß.

Das Spiel kann zu allen Themen dieses Heftes gespielt werden. Wichtig ist die konjunktivische Formulierung: Was wäre, wenn ... Nehmen wir an, dass ...

Siehe hierzu auch: Brüning, Barbara (2018): „Gedankenspule". Lernspiele für Ethik Klasse 5–10. 2. Aufl., Berlin: Cornelsen Verlag, S. 18.

Jeanne Hersch: Alles begann in Griechenland

Die **Philosophen** aus Milet

In den frühen Zeiten gab es keine Philosophie als Berufsstand, die Philosophen waren zugleich Gelehrte, Mathematiker, Geometer, Astronomen. Sie interessierten sich für Sonnen- und Mondfinsternisse, für Zahlen und Berechnungen, für geometrische Figuren usw. Daher kommt es, dass die älteste bekannte Philosophenschule, die Schule von Milet in Kleinasien, mit Thales beginnt, von dem der geometrische Lehrsatz über die Peripherie-Winkel im Kreis stammt.

Wir haben es also mit großen, für das Wissen jener Zeit universellen Geistern zu tun. Ihr erstes Staunen galt wohl dem Wandel. Wir leben in einer Welt, in der alles im Wandel begriffen ist. Wir haben ein Holzscheit vor uns, kurz darauf sehen wir eine Flamme, und nicht lange danach haben wir keine Flamme mehr, sondern nur noch ein Häufchen Asche. Dann kommt ein Windstoß, trägt die Asche fort. Und die Asche ist verschwunden. Und alles, was wir betrachten, alles, womit wir zu tun haben, auch die Lebewesen, auch die Menschen, auch wir selbst: Alles wandelt sich, alles geht vorüber.

Die erste Frage, die gestellt wurde, lautet – dem Sinne nach: „Was ist es aber, was in allem Wandel bestehen bleibt?" Die erste philosophische Antwort heißt: die Substanz, das, was bestehen bleibt in all dem, was sich wandelt und vergeht. Denn es muss etwas geben, das sich im Sein(1) erhält; sonst gäbe es schon lange nichts mehr.[1]

Jeanne Hersch, Schweizer Philosophin

(1) Synonym für Welt oder Leben

Der wichtigste Gedanke aus diesem Text ist für mich ______________________________

____

Meine Frage an die Welt:

____

____

1. Lest den Text und schreibt den nach eurer Meinung wichtigsten Gedanken heraus. Vergleicht eure Ergebnisse in der Klasse.
2. Die ersten Naturphilosophen der Weltgeschichte staunten über den Wandel in der Natur. Erzählt euch gegenseitig, worüber ihr in letzter Zeit gestaunt habt.
3. *Wir philosophieren:* Schreibt eine Frage an die Welt auf, auf die ihr bisher noch keine Antwort gefunden habt. Versucht sie in der Klasse (bis zum Ende) der Unterrichtseinheit zu beantworten.

[1] Hersch, Jeanne (2000): Das philosophische Staunen. Einblicke in die Geschichte des Denkens. 7. Auflage, München: Piper Verlag, S. 9.

978-3-589-16879-8 | Barbara Brüning, Burkhart Brüning, Michael Krieger | Themenheft Sekundarstufe – Erneuerbare Energien im Diskurs

Thales von Milet: Wasser als Urgrund der Welt

© Shutterstock.com/somavarapu madhavi

Wasser gehört zu den wichtigsten Lebensmitteln der Menschheit. Ohne Wasser in seinen unterschiedlichen Erscheinungsformen ist Leben auf dieser Erde nicht denkbar. Darauf wies insbesondere der erste Philosoph der Weltgeschichte Thales von Milet (ca. 624–546 v. Chr.) hin. Er war viel auf Reisen und beobachtete, dass überall Wasser vorhanden war. Deshalb behauptete er auch, dass das Wasser der Ursprung aller Dinge sei. Was er damit gemeint hat, wissen wir nicht genau, weil Thales' Gedanken nicht vollständig überliefert wurden.

Meine Erklärung

Thales meinte mit dem Gedanken, dass Wasser der Ursprung aller Dinge ist, ...

1. Schreibt auf, was Thales damit gemeint haben könnte, dass das Wasser der Ursprung alle Dinge ist. Vergleicht eure Gedanken anschließend in der Klasse.
2. Recherchiert über das Leben von Thales. Haltet über ihn ein Kurzreferat und bezieht darin auch seine Leistungen innerhalb der Mathematik mit ein.
3. Projektvorschlag: Sucht in kleinen Gruppen nach Weltentstehungsmythen aus unterschiedlichen Kulturen, in denen Wasser eine zentrale Rolle spielt. Zeichnet diese Mythen und erratet gegenseitig im Plenum anhand der Zeichnungen, welche Rolle das Wasser spielt.

978-3-589-16879-8 | Barbara Brüning, Burkhart Brüning, Michael Krieger | Themenheft Sekundarstufe – Erneuerbare Energien im Diskurs

Anaximenes: Die Welt besteht aus Luft

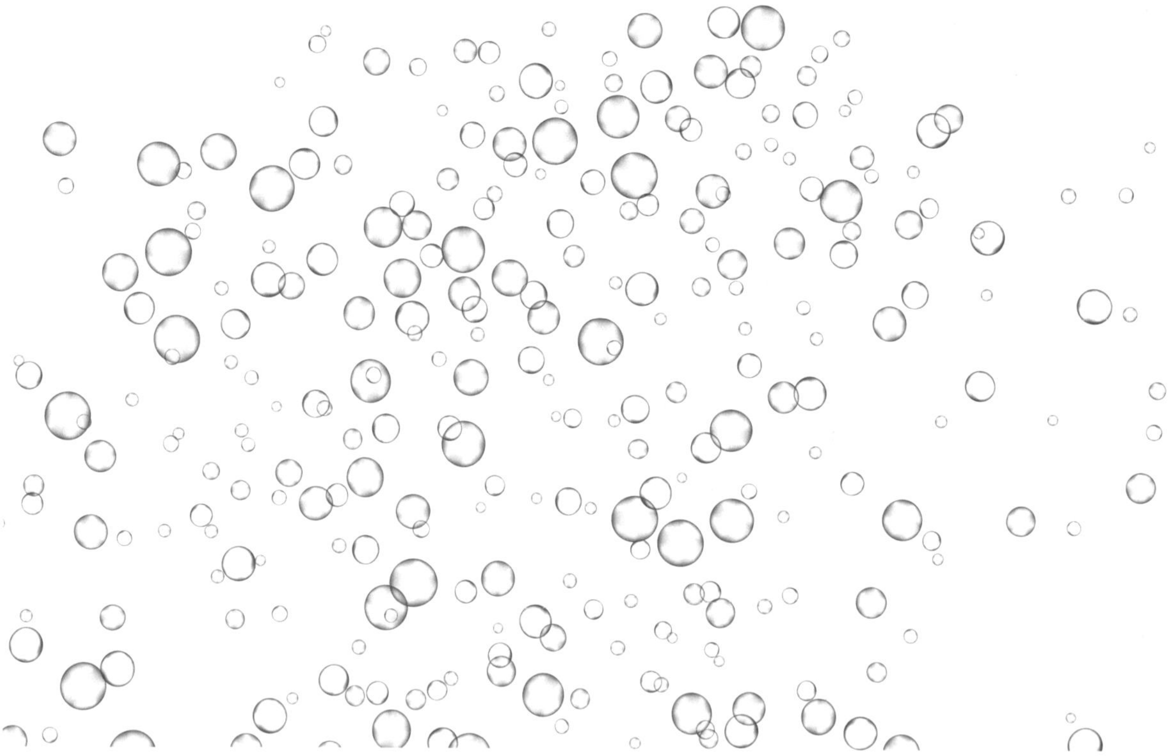

© Shutterstock.com/YuriyKostin

Der griechische Philosoph Anaximenes (ca. 585–528 v. Chr.) „erklärte für den Urgrund der Dinge die Luft. Denn aus dieser entstände alles und in diese löse sich alles wieder auf. Sagt er doch: Wie unsere Seele, die Luft ist, uns regiert, so umfasst auch den ganzen Kosmos Hauch und Luft."[2]

Anaximenes schreibt an Thales

Obwohl ich die Wassertheorie von Thales kenne, bin ich dennoch der Meinung, dass alles aus Luft entsteht, weil ...

____

____

____

____

____

1. Stellt euch vor, ihr wärt Anaximenes. Gebt in seinem Namen eine Begründung, warum er dennoch die Luft als Urgrund gewählt hat.
2. Auf dem Foto seht ihr einen Luftwirbel. Erklärt, was das ist.
3. *Wir philosophieren:* Anaximenes behauptet, unsere Seele regiert uns. Erklärt diesen Gedanken und positioniert euch dazu: Stimmt ihr zu oder nicht? Begründet euren Standpunkt.

[2] Capelle, Wilhelm (Hrsg.) (1968): Die Vorsokratiker. Stuttgart: Alfred Kröner Verlag, S. 95.

978-3-589-16879-8 | Barbara Brüning, Burkhart Brüning, Michael Krieger | Themenheft Sekundarstufe – Erneuerbare Energien im Diskurs

Wasser und Luft

Die Theologin und Philosophin Hildegard von Bingen (1098–1179) hat die sehr allgemeinen Aussagen der griechischen Philosophen Thales und Anaximenes über die Urstoffe Wasser und Luft konkretisiert.

> Die Wasser binden und halten alle Geschöpfe, da sie ihnen die Feuchtigkeit eingießen. Ohne Wasser würde nichts auf der Welt wachsen, noch vergehen, noch verteilt werden. [...]
>
> Die Luft kommt mit ihrer Milde aus der Kraft Gottes; sie lässt die Wassermassen flüssig werden und ergießt sie hierhin und dorthin, indem sie diese über den ganzen Erdkreis verteilt. Sie hält sie derart im Zaune, dass sie ihr Maß im Hinströmen und Zurückfluten, im Aufwogen wie im Abfließen nicht überschreiten, alles vielmehr in Grenzen halten[3].

© stock.adobe.com/zatletic

Das Feuer ______________________________

____

____

Die Erde ______________________________

____

____

1. Stellt euch vor, ihr müsstet Hildegards Text weiterschreiben. Wie würdet ihr die Urstoffe Feuer und Wasser charakterisieren? Probiert es aus. Vergleicht eure Ideen anschließend in der Klasse.
2. Gestaltet auf der Rückseite des Blattes eine Zeichnung über die Bedeutung des Wassers für unser Leben. Legt eure Zeichnungen danach in einen Kreis, und erzählt euch gegenseitig Wassergeschichten.
3. *Wir philosophieren:* Stellt euch eine Welt ohne Wasser vor. Beschreibt mündlich, wie das Leben dort aussehen würde.

---

[3] von Schipperges, Heinrich (Hrsg.) (1972): Hildegard von Bingen. Der Mensch in der Verantwortung. Salzburg: Otto Müller Verlag, S. 231/232.

978-3-589-16879-8 | Barbara Brüning, Burkhart Brüning, Michael Krieger | Themenheft Sekundarstufe – Erneuerbare Energien im Diskurs

Heraklit: Das Feuer gibt uns Wärme

Der griechische Philosoph Heraklit (ca. 520 –460 v. Chr.) betrachtete das Feuer als den Urgrund der Dinge. Alle Gestirne im Kosmos seien Verdichtungen von Feuer. Die Sonne nannte Heraklit eine „vernunftbegabte Entzündung aus dem Meere“,[4] die auf der Erde für Wärme, Licht und Leben sorge.

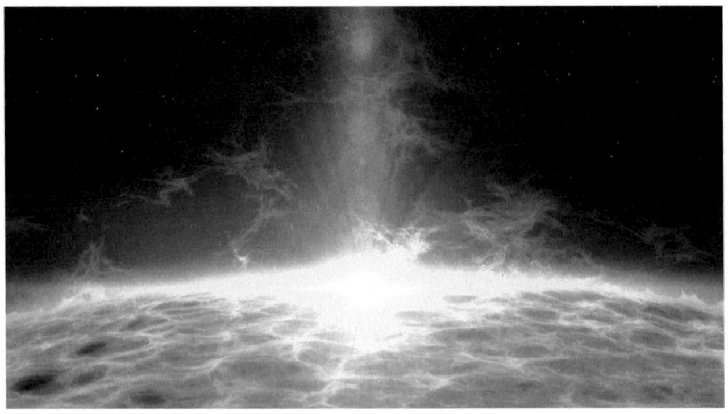

© Shutterstock.com/Skorzewiak

Wozu wir die Sonne brauchen

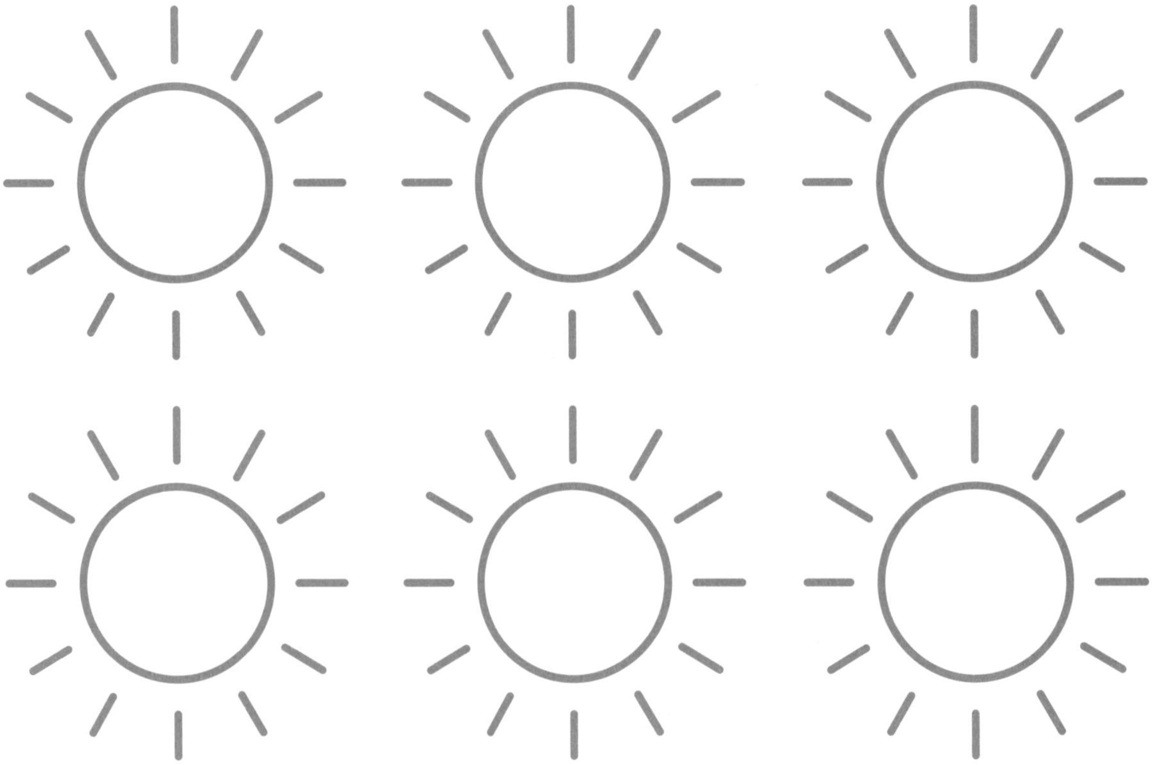

© Shutterstock.com/Visual Generation

1. Schreibt in die Sonnen Stichworte über den Nutzen der Sonne für unser Leben und die Natur. Sammelt alle Ideen an der Tafel oder dem Whiteboard, und gestaltet anschließend dazu eine Wandzeitung.
2. *Wir philosophieren:* Deutet den Ausspruch von Heraklit, dass die Sonne eine „vernunftbegabte Entzündung aus dem Meere“ ist.
3. Projektvorschlag: Lest das Sonnengleichnis des griechischen Philosophen Platon (ca. 428–348 v. Chr.) im sechsten Buch seines Werkes „Der Staat“. Vergleicht Platons Ideen über die Bedeutung der Sonne mit euren eigenen.

[4] Capelle, Wilhelm (Hrsg.) (1968): Die Vorsokratiker. Stuttgart: Alfred Kröner Verlag, S. 131.

978-3-589-16879-8 | Barbara Brüning, Burkhart Brüning, Michael Krieger | Themenheft Sekundarstufe – Erneuerbare Energien im Diskurs

Hildegard von Bingen: Die Erde als Mutter aller Lebewesen

In der griechischen Philosophie wurde dem Urstoff „Erde" keine größere Bedeutung beigemessen. Erst im Mittelalter betrachtete ihn die deutsche Äbtissin, Naturwissenschaftlerin, Philosophin und Ärztin Hildegard von Bingen (1098–1179) als „Mutter aller Lebewesen".[5]

Warum Steine wichtig sind

Steine haben für den Menschen eine große Bedeutung, weil ______________________________

____

____

____

1. Gestaltet zu dem Ausspruch Hildegards, dass die Erde die Mutter aller Lebewesen sei, ein Bild, das andere Menschen von diesem Gedanken überzeugt.
2. Hildegard legte eine systematische Steine-Sammlung in ihrem Klostergarten an. Begründet, warum und wofür Steine wichtig sind.
3. Recherchiert über Hildegard, und haltet ein Kurzreferat über sie. Stellt ihr Verhältnis zur Natur in den Mittelpunkt eurer Ausführungen.
4. *Wir philosophieren:* Fädelt eine Gedankenkette: Ohne die Erde gibt es ... Jede und jeder von euch äußert einen Gedanken dazu; niemand darf wiederholen, was schon gesagt wurde.

[5] von Schipperges, Heinrich (Hrsg.) (1972): Hildegard von Bingen: Der Mensch in der Verantwortung. Salzburg: Otto Müller Verlag, S. 191.

978-3-589-16879-8 | Barbara Brüning, Burkhart Brüning, Michael Krieger | Themenheft Sekundarstufe – Erneuerbare Energien im Diskurs

Die Elemente mischen sich

Der griechische Philosoph Empedokles (490–430 v. Chr.) erklärte, dass Veränderungen in der Natur wie z. B. die Jahreszeiten dadurch entstehen, dass sich die vier Elemente Wasser, Luft, Feuer und Erde vermischen und wieder trennen. Manchmal sei z. B. das Feuer stärker als die anderen Elemente und manchmal die Luft.

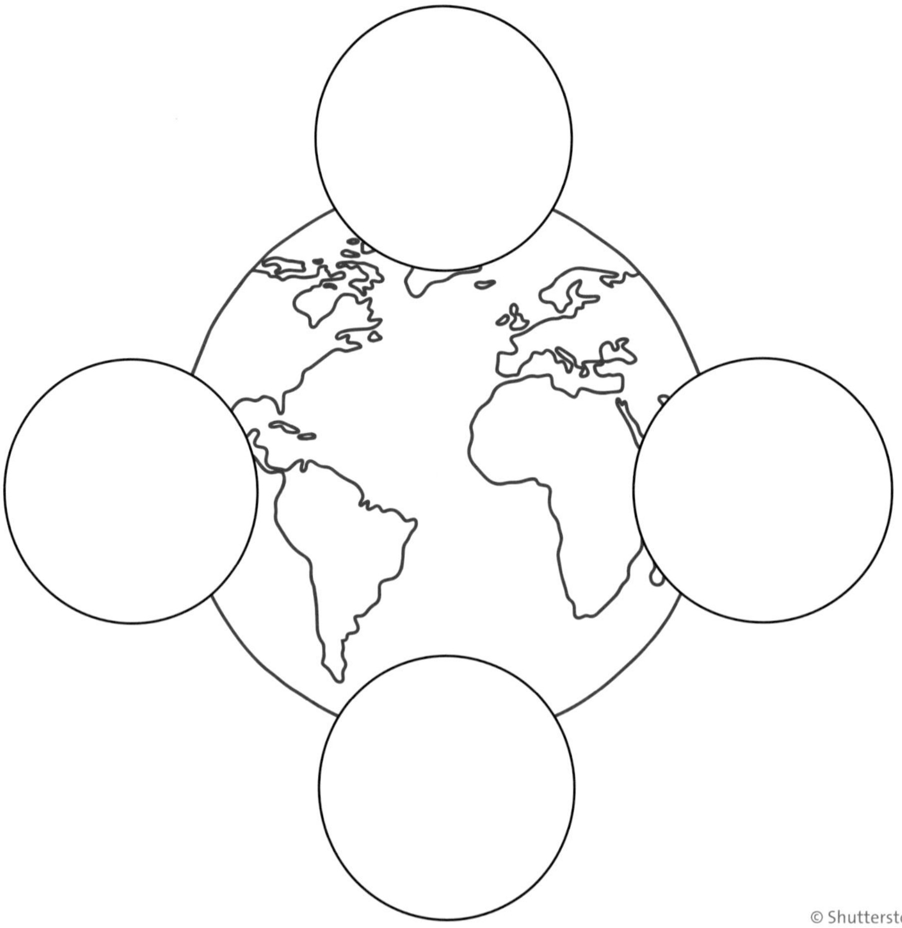

© Shutterstock.com/D things

Die Bedeutung der Elemente heute

Heute wird der Begriff „Elemente" für die Bezeichnung von Atomen verwendet. Diese setzen sich aus „herumflitzenden" Elektronen, im Kern ruhenden Protonen und Neutronen zusammen. Je nach der Anzahl der Protonen (Elektronen und Neutronen spielen hier keine Rolle) ergibt dies eine Liste mit derzeit uns bekannten 118 chemischen Elementen, die ihr aus dem Chemieunterricht kennt. In dieser Liste sind z. B. Blei, Gold und Sauerstoff zu finden.

1. Stellt euch vor, ihr sollt für eine Werbeagentur vier Symbole erfinden, mit denen für die Urelemente (als Grundlage erneuerbarer Energien) geworben werden kann. Malt sie in die vier Kreise auf der Weltkugel. Stellt eure Ideen anschließend in der Klasse vor.
2. Recherchiert zum Leben und Wirken von Empedokles, und haltet ein Kurzreferat über ihn.
3. *Wir philosophieren:* Überlegt euch in Zusammenarbeit mit dem Physik- oder Chemieunterricht, welche Kraft wirken könnte, damit sich die Urelemente mischen.

978-3-589-16879-8 | Barbara Brüning, Burkhart Brüning, Michael Krieger | Themenheft Sekundarstufe – Erneuerbare Energien im Diskurs

2 | Was sind erneuerbare (regenerative) Energien?

ZUM THEMA

Noch vor wenigen Jahren wurden im schulischen Unterricht die regenerativen Energien nicht als Thema behandelt. Das hat sich in den Lehrplänen der einzelnen Bundesländer in der letzten Zeit geändert. Bei der Energieumwandung von chemischer Energie über die Zwischenstufe „Wärmeenergie in elektrische Energie" wurden beispielsweise in der Vergangenheit vorwiegend fossile Brennstoffe genannt. Jetzt stehen die regenerativen Energien im Vordergrund. Als Voraussetzung für die Bearbeitung der folgenden Arbeitsblätter (KV 8 bis KV 16) sollten die Schüler/-innen wissen, dass die Kraft allgemein als Ursache von Zustands- oder Bewegungsänderungen bezeichnet wird; sie ist an ihren Wirkungen erkennbar und messbar. Die Kraftwirkung ist die Eigenschaft der Materie, Energie zu übertragen und Änderungen hervorzurufen. Dabei sagt der Satz von der Erhaltung der Energie aus, dass die Summe der Energien immer gleichbleibt, auch wenn die Energie sich anders verteilt oder andere Formen annimmt, z. B. wenn ein Teil der Bremsenergie in Wärmeenergie umgesetzt wird. Die Schüler/-innen sollten auch hinsichtlich erneuerbarer Energien immer im Blick haben, dass Energie nur umgewandelt werden kann und nicht gewonnen oder vernichtet wird.

Als erneuerbare oder auch regenerative Energien werden alle Primärenergien bezeichnet, die in der Natur unerschöpflich sind. Es gibt drei Hauptquellen:

- Die Strahlungsenergie der Sonne (Solar- und Windenergie sowie Bioenergie) – die ursächliche Quelle ist die Atomkernverschmelzung im Sonneninneren.
- Die Erdwärme (Geothermie), mit der man die im oberen Teil der Erdkruste gespeicherte innere Energie bezeichnet
- Die auf der Gravitationskraft beruhende Planetenbewegung, insbesondere die Bewegung des Mondes um die Erde, welche zu den Meeresgezeiten führt. Mit Gezeitenkraftwerken kann z. B. elektrische Energie „gewonnen" werden.

DIDAKTISCH-METHODISCHE HINWEISE

Der Kompetenzerwerb richtet sich in diesem Kapitel vor allem darauf, dass die Schüler/-innen in der Lage sind, physikalische Begriffe wie reflektieren, absorbieren, emittieren richtig anzuwenden und zwischen fossilen und regenerativen Energien zu unterscheiden. Bei der „Energiegewinnung" aus Solar-, Wind-, Bio-, Wellen- und Gezeitenkraftwerken sollen sie die einzelnen Energieumwandlungsstufen richtig beschreiben können und über die verschiedenen Speicherarten von Energie informiert sein.

KV 8: Die Schüler/-innen müssen die physikalische Größe „Energie" erklären können. Auf die Formeln der einzelnen Energieformen soll hier nicht eingegangen werden. Die allgemeine Form „Arbeit = Kraft · Weg" kann wiederholt werden, wobei dann auf die Vektoren „Kraft" und „Wegrichtung" eingegangen werden sollte.

KV 9 und KV 10: Die Schüler/-innen sollen erkennen, dass Energie zwischen verschiedenen Energieformen umgewandelt werden kann, z. B. von (potenzieller) Lageenergie in kinetische Energie. Das folgende Beispiel könnte zur Wiederholung herangezogen werden: Ein Fahrradfahrer fährt einen Berg von 10 m Höhe herunter. Zunächst hat der Radfahrer auf dem Berg die

Geschwindigkeit v = 0 m/s. Während der Fahrt wandelt er seine Lageenergie in Bewegungsenergie um. Unten angekommen hat er keine Lageenergie mehr und seine maximale Geschwindigkeit erreicht. Bei einer Umwandlung geht jedoch (zumeist) ein kleiner Teil nicht in die gewünschte Energieform über (z. B. durch den Luftwiderstand oder die Reibung der Reifen) und steht anschließend nicht mehr für weitere Umwandlungen zur Verfügung. Die Schüler/-innen sollten die richte Lösung „Photosynthese“ bei der Umwandlung von Lichtenergie in chemische Energie und die Lösung „Knicklicht“ beim Übergang von chemischer Energie in Lichtenergie erkennen.

KV 11: In einem Lehrkraftvortrag soll den Schüler/-innen vor der Beschäftigung mit dem Arbeitsblatt erklärt werden, dass bis vor kurzem in Deutschland die meiste Energie aus Erdöl, Kohle, Atom und Gas gewonnen wurde. Der aktuelle Energie-Mix kann von den Schüler/-innen im Netz recherchiert werden.

KV 12, KV 13 und KV 14 betreffen die Energieumwandlung aus Sonnenstrahlen (Solarthermie, Solarkocher, Photovoltaik). Die Schüler/-innen sollten zunächst das Basiswissen wiederholen, dass die Sonne als ein riesiges Kernfusionskraftwerk fungiert, in dem Wasserstoff zu Helium verschmolzen wird. Die Strahlungsenergie der Sonne lässt sich physikalisch in Wärmeenergie (Solarthermie, Solarkocher) und in Photovoltaik (elektromagnetische Energie) umwandeln. Die drei Verfahren werden in den Informationstexten der jeweiligen Folien dargestellt.

KV 15: Die Schüler/-innen sollten vor der Beschäftigung mit dem Arbeitsblatt darüber informiert werden, dass im Jahr 2021 die Windenergie oder Windkraft die größte technisch genutzte erneuerbare Energiequelle ist – siehe hierzu auch die **KV 17**. Im Klassengespräch könnte weiterführend auch die Problematik der Stromtrassenführung von Nord nach Süd diskutiert werden. Physikalisch interessant ist auch die Weiterleitung des Stromes über Gleich- bzw. Wechselstrom; interessierte Schüler/-innen können über diese Verfahren einen Kurzvortrag halten.

Die **KV 16** steht in einem engen Zusammenhang mit der **KV 20**. Die Schüler/-innen werden zunächst im Einführungstext über das Thema „Biomasse“ informiert. Sie sollen erkennen, dass Biomasse gespeicherte Sonnenenergie in Form von Energiepflanzen ist. An dieser Stelle wäre es sinnvoll, einen Film als Informationsgrundlage zu zeigen (siehe Literatur- und Medienhinweise, S. 76).

Energieformen und Energiequellen

Verschiedene Arten von Energie

Energie ist die Fähigkeit, Arbeit zu verrichten. Wir unterscheiden verschiedene Energieformen nach der Art ihrer Speicherung, beispielsweise in Holz, Erdöl, Brot, Süßigkeiten, einer Batterie oder in einer gespannten Feder. Sie kann nur an ihren Wirkungen erkannt werden. Beispiele für solche Wirkungen sind z. B. die Bewegung eines fahrenden Autos, Licht oder Wärme. In der Physik werden folgende Energieformen unterschieden: Bewegungsenergie (z. B. ein fahrender Zug), Spannungsenergie (z. B. eine gespannte Feder), Wärme (z. B. brennendes Holz), chemische Energie (z. B. eine Batterie), elektrische oder magnetische Energie (z. B. Blitze), Strahlungsenergie (z. B. Mikrowellen) und Lageenergie (potenzielle Energie, z. B. ein Körper wird hochgehoben).

Zu den „Energiequellen“ gehören fossile Brennstoffe oder nukleare Energie sowie regenerative Energie wie Sonnenenergie, Windenergie, Wasserenergie oder Erdwärme. Der Begriff „Energiequelle“ ist physikalisch nicht korrekt, da es nur Energieumwandlungen gibt (Energieerhaltungssatz). Die Formen von Energiequellen sind: Sonnenenergie (nutzbare solare Energieeinstrahlung: Licht, Wärme), Biomasse, Windenergie (atmosphärische Strömungen), Wasserkraft, einschließlich Gezeiten (Tidenhub), Wellenkraft (Wellenkraftwerk), Meeresströmung (Meeresströmungskraftwerk), Geothermie (Erdwärme).

Energie-Arten bei mir zu Hause

___

___

___

___

___

___

___

___

___

___

___

1 Charakterisiert mit eigenen Worten die verschiedenen Arten von Energie.

2. Schreibt auf, wie eure Wohnung/euer Haus mit Energie versorgt wird. (Es können mehrere Energiearten sein.) Vergleicht zu zweit eure Ergebnisse.

3. Sprecht in der Klasse darüber, warum der Begriff „Energieerzeugung“ physikalisch falsch ist.

4. In dem oberen Text wird der Energieerhaltungssatz erwähnt. Recherchiert im Netz oder in eurem Physikbuch nach einer Definition. Notiert diese auf der Rückseite dieses Blattes.

978-3-589-16879-8 | Barbara Brüning, Burkhart Brüning, Michael Krieger | Themenheft Sekundarstufe – Erneuerbare Energien im Diskurs

Wie Energie umgewandelt wird

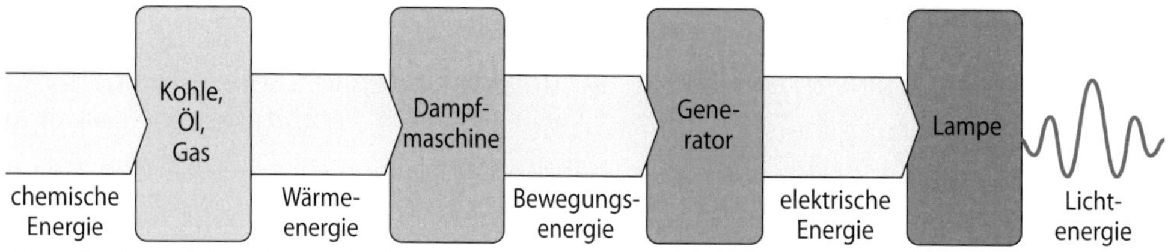

© Cornelsen/newVISION GmbH, Bernhard A. Peter

In der Abbildung werden die einzelnen Schritte der Energieumwandlung dargestellt. Der Ausgangsstoff ist in diesem Beispiel die Kohle, in der sich die primäre Energie befindet. Beim Verbrennen der Kohle, wird die darin gespeicherte chemische Energie in thermische Energie (Wärmeenergie) umgewandelt, sodass z. B. Wasser in Wasserdampf übergeführt wird und eine Turbine zur Rotation bringt. Die Drehbewegung treibt einen Generator an, der elektrische Energie liefert. Mit dem Strom kann nun beispielsweise eine Lampe zum Leuchten gebracht werden. Ein anderes Beispiel der Energieumwandlung betrifft die Wasserkraft: Bei einem Wasserkraftwerk wird die potenzielle Energie (Lageenergie) des angestauten Wassers über mehrere Stufen in elektrische Energie transformiert.

 © Shutterstock.com/zuperia	*Spannenergie*
 © Shutterstock.com/Oleksandr Kostiuchenko	
 © Shutterstock.com/Mechanik	
 © Shutterstock.com/Dis.connect	
 © Shutterstock.com/Premiumvectors	
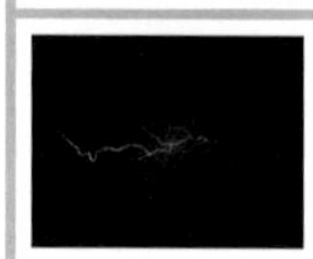 © Shutterstock.com/Vectorpocket	

1. Ordnet den Bildern eine Energieform zu, und tragt sie rechts in die Tabelle ein. Vergleicht die Ergebnisse anschließend im Plenum.
2. Im ersten Bild seht ihr eine gespannte Feder. Um diese zu dehnen, wird vorher eine andere Energieform benötigt. Findet heraus, um welche Energieform es sich bei der ersten und bei den anderen Darstellungen in den Abbildungen handelt, um den Endzustand, z. B. im ersten Bild die Spannenergie, zu erreichen.

978-3-589-16879-8 | Barbara Brüning, Burkhart Brüning, Michael Krieger | Themenheft Sekundarstufe – Erneuerbare Energien im Diskurs

Energiewandler

Eine geladene Batterie enthält chemische Energie. In einer Taschenlampe kann sie zunächst in elektrische Energie und schließlich in der Glühlampe in Lichtenergie umgewandelt werden. (Wenn man es physikalisch exakt betrachtet, wird ein Teil der elektrischen Energie auch in Wärmeenergie transformiert, da sich die Glühlampe erwärmt.) In der unteren Tabelle soll nur die letzte Umwandungsstufe angegeben werden. Beispiel: chemische Energie > elektrische Energie.

	Energieform nach der Umwandlung					
Energieform vor der Umwandlung	Bewegungs-energie	Lageenergie	chemische Energie	elektrische Energie	Wärme-energie	Strahlungs-energie (Licht)
Bewegungs-energie						
Lageenergie						
chemische Energie	Dieselmotor			Batterie		
elektrische Energie						
Wärme-energie						brennendes Zündholz
Strahlungs-energie (Licht)						

Tragt die folgenden Begriffe in die obere Tabelle ein: *Ventilator, Gasbrenner, Handyakku, Knicklicht (Leuchtstab), Transformator, Windkraftgenerator, mit dem Fahrrad bremsen, glühende Herdplatte, Wasser in einem Stausee, Solarzelle, Fön, Leuchtdiode, Sonnenkollektor, Dynamo, Muskeln, Akku-Ladegerät, Massenstück in 10 m Höhe*. Einige Beispiele sind als Musterbeispiele bereits vorgegeben. Ihr könnt auch mehrere Begriffe in die Felder eintragen.

978-3-589-16879-8 | Barbara Brüning, Burkhart Brüning, Michael Krieger | Themenheft Sekundarstufe – Erneuerbare Energien im Diskurs

Erneuerbare Energien

Regenerative Energiequellen

Als erneuerbare Energien oder regenerative Energien werden Energiequellen bezeichnet, die im menschlichen Zeithorizont für nachhaltige Energieversorgung unerschöpflich zur Verfügung stehen oder sich verhältnismäßig schnell erneuern, wie z. B. nachwachsende Bäume. Fossile Brennstoffe sind dagegen in der Natur nur begrenzt vorhanden. Bei der Verbrennung von fossilen Energieträgern werden umweltbelastende Stoffe wie z. B. Kohlendioxid (CO_2) emittiert, die mitverantwortlich für den Klimawandel sind. Um den Schadstoffausstoß zu reduzieren, wird immer mehr Strom aus erneuerbaren Energien wie Sonne, Wind, Wasser, Biomasse oder Erdwärme erzeugt. Solche Energiequellen werden auch regenerative Energieträger genannt, weil sie selbstständig nachwachsen und immer vorhanden sind. In den nächsten Jahrzehnten werden wir allerdings noch nicht komplett auf fossile Brennstoffe verzichten können, weil die Stromerzeugung aus erneuerbaren Energien teilweise schwer planbar ist und bisher nur etwa die Hälfte des Verbrauchs in Deutschland abdeckt. Der Anteil der regenerativen Energien an der Stromerzeugung wird jedoch in Zukunft stark anwachsen und soll bis zum Jahr 2030 etwa 60 Prozent betragen.

 © stock.adobe.com/2020 Alexander V. Sharganov/Alexander	 © Shutterstock.com/ peterschreiber.media	 © Shutterstock.com/Vova Shevchuk	 © Shutterstock.com/engel.ac

Begriffe im Zusammenhang mit regenerativen Energien

„grüner Strom“	
Kohlendioxid (CO_2)	
erneuerbare (oder auch regenerative) Energien	
fossile Brennstoffe	

1. Schreibt unter die Fotos, welche der Energiequellen regenerativ sind. Vergleicht eure Ergebnisse in der Klasse.
2. Erklärt in Stichworten die Begriffe in der Tabelle. Erarbeitet anschließend mündlich in der Klasse Begriffsdefinitionen und schreibt sie auf die Rückseite des Blattes.

978-3-589-16879-8 | Barbara Brüning, Burkhart Brüning, Michael Krieger | Themenheft Sekundarstufe – Erneuerbare Energien im Diskurs

Die Sonne als Quelle – Solarthermie

Die Sonne als ein Kernfusionskraftwerk

Die Sonne fungiert als ein riesiges Kernfusionskraftwerk, in dem Wasserstoff zu Helium verschmolzen wird. Dabei wird Energie freigesetzt, die auf die Erde trifft und sich nutzen lässt. Es gibt drei Arten, um die Kraft der Sonne direkt zu nutzen: Solarthermie, Solarkocher und Photovoltaik.

Als Solarthermie wird die Umwandlung der Sonnenenergie in nutzbare thermische Energie bezeichnet. Sie zählt zu den erneuerbaren Energien. Die auf die Erdoberfläche auftreffende Strahlungsleistung beträgt weltweit im Tagesdurchschnitt ungefähr 165 W/m². Solarthermie-Sonnenkollektoren fangen Sonnenstrahlen als Wärme ein und erhitzen Wasser. Dadurch wird der Warmwasser- und Heizungsbedarf in Wohnungen gedeckt oder die Hitze zum Kochen genutzt.

Dunkle und helle Oberflächen bei Sonneneinstrahlung

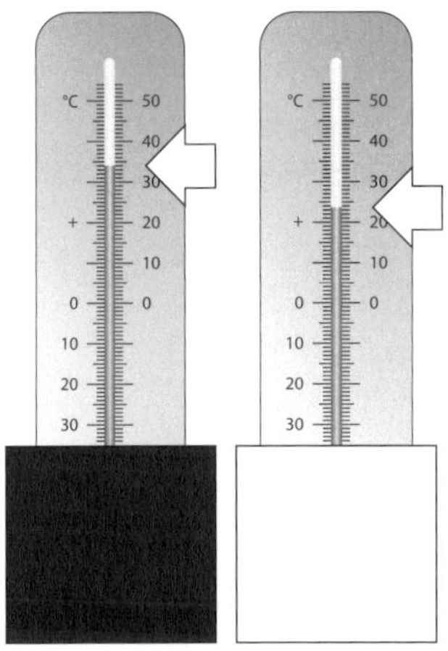

© Cornelsen/newVISION GmbH, Bernhard A. Peter

Sonnenkollektor

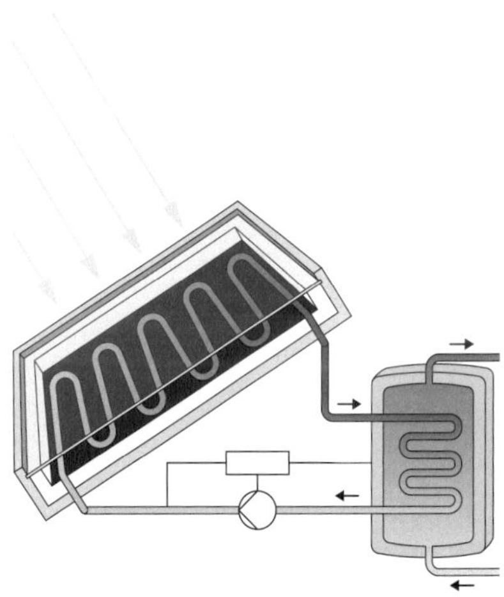

© Cornelsen/newVISION GmbH, Bernhard A. Peter

„Sonneneinfänger"

In der Abbildung rechts ist ein Modell eines Sonnenkollektors mit einer Wärmespeichereinheit dargestellt. Mit einem Sonnenkollektor lässt sich die Sonnenenergie in Form von ________________ ________________ leicht einfangen. Ein ________________ wird auf einer dunklen Oberfläche entlanggeführt. In der Sonne erwärmt sich das ________________ und steigt nach ________________ in den Behälter. Dort ________________ es das kalte Wasser nach ________________. Bei starker Sonneneinstrahlung ist nach 20 Minuten das Wasser schon über ________________ Grad Celsius heiß. Solche „Sonneneinfänger" können in Haushalten für Folgendes verwendet werden: ________________.

1. In der Abbildung (links) seht ihr zwei Oberflächen (schwarz und weiß). Die Vorratsgefäße der Thermometer befinden sich jeweils unter den Oberflächen. Vergleicht mündlich dunkle und helle Oberflächen bei direkter Sonneneinstrahlung, und überlegt, welche Auswirkung die Oberfläche bei Sonneneinstrahlung auf die Temperatur hat. Verwendet – wenn physikalisch sinnvoll – die Fachausdrücke: reflektieren, emittieren und absorbieren.
2. Füllt die Lücken im oberen Text. Ihr könnt aus den Stichwörtern auswählen: Luft, Wasser, Wind, Licht, oben, unten, Heizung, warmes Wasser, Rohr, Schlauch, 20°, 60°, 200°.
3. Recherchiert im Internet nach dem Stichwort „Wirkungsgrad Solarzellen". Notiert den Wert: ________________.

978-3-589-16879-8 | Barbara Brüning, Burkhart Brüning, Michael Krieger | Themenheft Sekundarstufe – Erneuerbare Energien im Diskurs

Strom durch Solarkocher

Wie aus Sonnenenergie Wärmeenergie entsteht

Ein Solarkocher ist eine Vorrichtung, um aus der Energie der Sonnenstrahlung Wärme zu erzeugen. Dabei wird die Einstrahlung der Sonne im Brennpunkt eines Hohlspiegels gebündelt. Die Sonnenstrahlen werden mit riesigen Spiegeln zu einem Turm in der Mitte gelenkt. Mit der dort erzeugten Hitze kann dann Wasser verdampft und eine Dampfturbine mit einem Generator betrieben werden, der Strom erzeugt. Der Vorteil des Solarkochers besteht darin, dass sich die nicht verwendete Wärmeenergie in Salzwasser-Speichertanks zwischenspeichern lässt, wenn die Sonne keine Energie liefert – z. B. nachts. So kann die Energieversorgung rund um die Uhr gewährleistet werden.

© Cornelsen/Burkhart Brüning

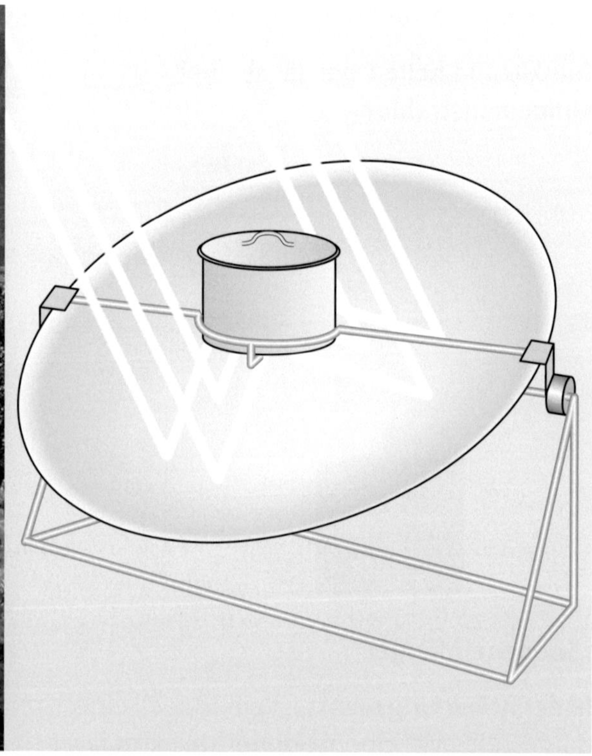

© Cornelsen/newVISION GmbH, Bernhard A. Peter

1. Betrachtet die beiden Abbildungen. Verfolgt den Strahlenverlauf in der rechten Abbildung. Wo befindet sich der Brennpunkt? Zeichnet anschließend mit einem Kreuz in beide Abbildungen den Brennpunkt ein.
2. Zeichnet auf der Rückseite des Blattes zunächst einen Spiegel, wie ihr ihn in den beiden Abbildungen seht. Zeichnet anschließend die parallel einfallenden Stahlen und die reflektierten Strahlen ein. Wertet zum Schluss zu zweit aus, wo sich in eurer Skizze der Brennpunkt befindet.
3. Recherchiert im Netz, in welchen Ländern das „Solarkocher-Verfahren" zur Stromerzeugung oder zur Wärmeerzeugung genutzt wird.

978-3-589-16879-8 | Barbara Brüning, Burkhart Brüning, Michael Krieger | Themenheft Sekundarstufe – Erneuerbare Energien im Diskurs

Vom Sonnenlicht zur elektrischen Energie – Photovoltaik

So funktioniert Photovoltaik

Eine Solarzelle ist ein elektrisches Bauelement, das Strahlungsenergie, in der Regel Sonnenlicht, direkt in elektrische Energie umwandelt. Die Anwendung der Solarzelle ist die Photovoltaik. In einem Kristallgitter von Silizium-Atomen erzeugen zusätzlich eingemischte Atome eine positive, eine neutrale und eine negative Ladungsschicht. Durch Sonnenstrahlen lösen sich Elektronen aus den Fremdatomen und lassen Löcher zurück. Freie Elektronen werden zur positiven Ladungsschicht und Löcher zur negativen Schicht gezogen. Werden die beiden Schichten durch eine Metallleitung verbunden, entsteht ein Elektronenstrom: elektrische Energie. Eine Lampe kann dadurch leuchten. Scheint die Sonne auf die Zellen, wird Strom erzeugt. Scheint keine Sonne, kann auch kein Strom emittiert werden. Die physikalische Grundlage der Umwandlung von Sonnenstrahlen in elektrischen Strom ist der „innere photoelektrische Effekt".

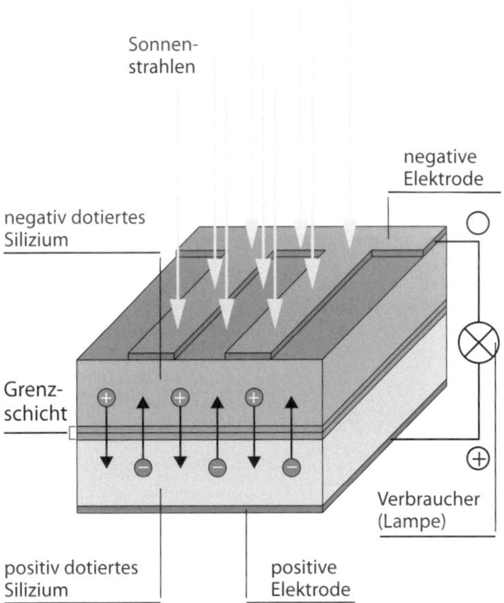

© Cornelsen/newVISION GmbH, Bernhard A. Peter

Aufbau einer Solarzelle

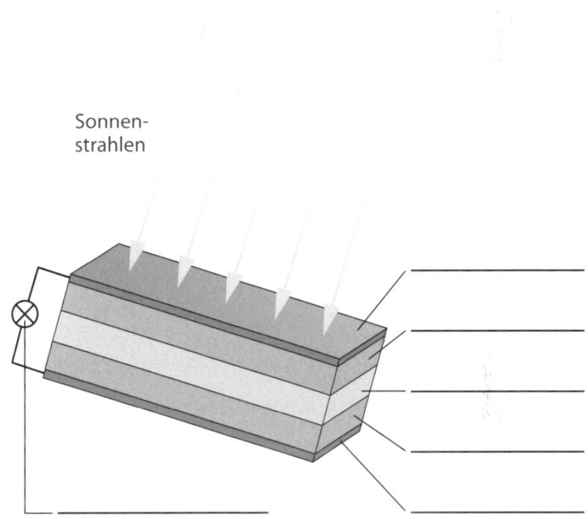

© Cornelsen/newVISION GmbH, Bernhard A. Peter

1. Erklärt mit eigenen Worten, wie Photovoltaik funktioniert.
2. Beschriftet die Skizze. Verwendet dabei physikalische Fachausdrücke. Vergleicht die Ergebnisse anschließend in der Klasse.
3. Projektvorschlag: Betrachtet in eurer näheren Umgebung Gebäude mit Solarzellen auf dem Dach. In welche Himmelsrichtung und in welchem Winkel würdet ihr die Solarpaneele auf einem Flachdach montieren? Begründet mündlich eure Entscheidung.

978-3-589-16879-8 | Barbara Brüning, Burkhart Brüning, Michael Krieger | Themenheft Sekundarstufe – Erneuerbare Energien im Diskurs

Wie aus Windkraft Energie entsteht

Die Bewegungsenergie des Windes

Seit der Antike wird die Windkraft genutzt, um Energie zu gewinnen. So erzeugten vor allem Windmühlen mechanische Energie direkt vor Ort, um Maschinen anzutreiben. Mit ihrer Hilfe wurden beispielsweise Korn zu Mehl gemahlen, Grundwasser an die Erdoberfläche gefördert oder Sägewerke betrieben. Heute ist die Erzeugung von elektrischer Energie mit Windkraftanlagen die wichtigste Nutzungsform erneuerbarer Energien.

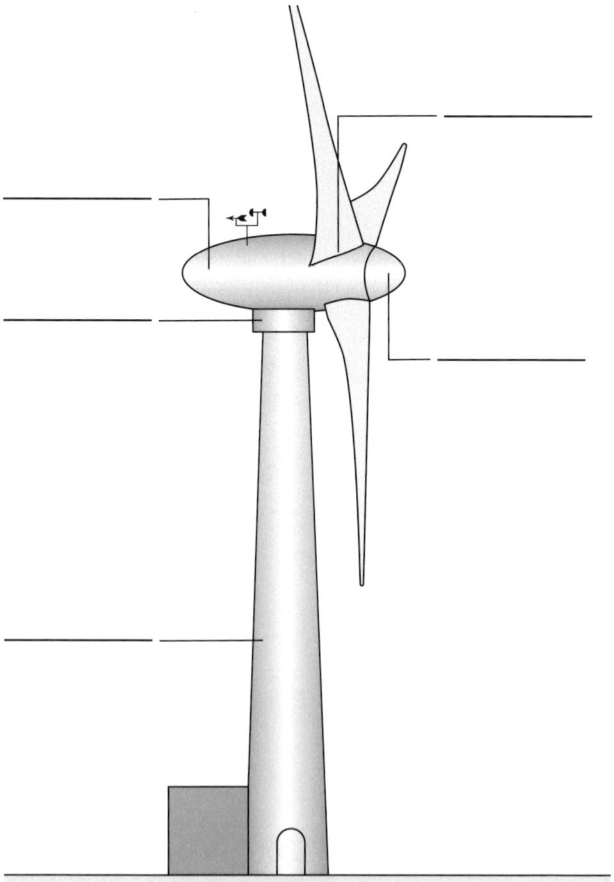

© Cornelsen/newVISION GmbH, Bernhard A. Peter

Wie die Windkraft genutzt wird

Die Windkraft ist eine Art, wie __________ „gewonnen" werden kann. Damit ist gemeint, dass sich die Energie des Windes in andere Energieformen __________ lässt. Vor langer Zeit wurde die Windenergie in Drehenergie in den Windmühlen zum Mahlen von Korn verwendet. Im Jahr 1887 wurde in England zum ersten Mal elektrische Energie aus Wind umgewandelt. Der Wind weht gegen den __________ des __________, der dann einen __________ zum Drehen bewegt. Die Windenergie hat wichtige Vorteile. Sie ist eine erneuerbare Energie, da der Wind auch in Zukunft weht und nicht weniger wird. Kohle, Erdöl, Uran (Atomenergie) und __________ hingegen werden verbraucht und wachsen nicht nach. Bei der Windkraft entstehen auch keine Rückstände, es ist eine saubere __________. Einige Menschen, die in der Nähe von Windrädern wohnen, meinen, dass die Windkraftanlagen in der Landschaft nicht so schön aussehen. Umweltschützer/-innen sehen auch Gefahren für die Vögel, die durch die bewegten Rotorblätter fliegen. Ein weiterer Nachteil sind die __________ des Rotors. Darum wollen viele Menschen zumindest keine Windräder in ihrer Nähe haben. Von der Energie, die weltweit genutzt wird, stammt zurzeit weniger als die Hälfte aus __________. Dänemark, die USA und __________ sind im internationalen Vergleich die drei Länder, die am meisten Windenergie „gewinnen".

1. Schreibt in die Skizze des Windrades die richtigen fünf Fachausdrücke: Getriebe, Flügel, Gondel, Turm, Narbe, Windstärkenmessgerät, Windrichtungsnachführung, Blattverstellung.
2. Schreibt in die Lücken des Textes geeignete Begriffe und vergleicht zu zweit eure Lösungen. Mögliche Begriffe sind: regenerative Energien, elektrische Energie, Deutschland, umwandeln, drehen, Wind, Flügel, Generator, Erdgas, Energieumwandlung, Rotors, Drehgeräusche, Rotor.
3. Überlegt in der Klasse, warum sich die Nordsee insbesondere für Windparks eignet – auch im Vergleich zur Ostsee.

978-3-589-16879-8 | Barbara Brüning, Burkhart Brüning, Michael Krieger | Themenheft Sekundarstufe – Erneuerbare Energien im Diskurs

Energiereiche Pflanzen und Bioenergie

Verschiedene Arten von Biomasse

Biomasse ist gespeicherte Sonnenenergie in Form von Energiepflanzen, Holz oder Reststoffen, wie etwa Stroh, Biomüll oder Gülle. Zur flüssigen Biomasse werden vor allem die aus Raps und anderen ölreichen Pflanzen gewonnenen Pflanzenöle und deren Raffinerieprodukte gezählt (Biodiesel).

© stock.adobe.com/Wolfgang Jargstorff

Bioenergie ist unter den erneuerbaren Energieträgern universell einsetzbar. Sowohl Strom, Wärme als auch Treibstoffe können aus fester, flüssiger und gasförmiger Biomasse gewonnen werden.

Biogene Wärme erzeugen auch die mit Restholz-Hackschnitzeln befeuerten Dampferzeuger in Industrie und Gewerbe in Biogasanlagen oder in Holzheizwerken zur Nahwärmeversorgung in Dörfern und Städten. Der Brennstoff ist sowohl für den kleinen Kaminofen im Wohnzimmer als auch für große Anlagen nutzbar. Nachteilig sind allerdings alte Kleinfeuerungsanlagen, die viel Feinstaub ausstoßen. Deshalb ist der Einsatz von modernen Anlagen sinnvoll, die weitaus weniger Feinstaub und andere Emissionen verursachen.

Warum der Anbau von Energiepflanzen umstritten ist

____

____

____

____

____

1. Schreibt auf, warum der Anbau von Energiepflanzen umstritten ist. Vergleicht hierzu auch die KV 27.
2. Erklärt mündlich den folgenden Gedanken: „In Zukunft sollen vor allem Reststoffe Energie liefern."
3. Recherchiert, ob es in der Nähe eures Wohnortes eine Biogasanlage gibt, die mit Reststoffen betrieben wird. Notiert die Rechercheergebnisse auf der Rückseite des Blattes
4. Begründet, warum die Verbrennung von Erdgas, Kohle und Öl schädlicher für unser Klima ist als das Verbrennen nachwachsender Rohstoffe wie z. B. Holz. Beachtet, dass bei der Verbrennung von Holz auch Feinstaubemissionen entstehen.

978-3-589-16879-8 | Barbara Brüning, Burkhart Brüning, Michael Krieger | Themenheft Sekundarstufe – Erneuerbare Energien im Diskurs

3 | Technische Anwendungen erneuerbarer Energien

ZUM THEMA

Erneuerbare oder regenerative Energien sind ein Sammelbegriff für natürliche Energiequellen.

Auf die Sonne als Energiequelle stützen sich Windkraft-, Photovoltaik-, Solarthermie- und Bioenergieanlagen; der Mond hingegen ist die Primärquelle für die Gezeitenkraftwerke. Wasserkraft und Geothermie haben ihren Ursprung auf der Erde.

Für den Unterricht ist es wichtig herauszuarbeiten, dass auch Technologien, die auf erneuerbaren Energien basieren, verschiedenartige Eingriffe in die Natur vornehmen. Beispielsweise führen große Wasserkraftanlagen dazu, dass sich Sediment vor den Anlagen anstaut, in dem dann wiederum Pflanzenteile verfaulen und dadurch Methan in die Atmosphäre abgegeben wird. Der positive Nutzen für den Klimaschutz wird daher vor allem bei den Wasserkraftanlagen kontrovers diskutiert. Aber auch der Anbau von Energiepflanzen für Biogasanlagen wird teilweise kritisch beurteilt, da hierfür wertvolles Ackerland genutzt wird, anstatt dort Pflanzen für Lebensmittel anzubauen (siehe hierzu auch KV 26 und KV 27). Die dargestellten negativen Randerscheinungen der regenerativen Energien haben jedoch im Gegensatz zur Verbrennung fossiler Energieträger wie Kohle oder Erdgas weitaus weniger negative Effekte für Natur, Umwelt und Mensch.

DIDAKTISCH-METHODISCHE HINWEISE

In diesem Kapitel sollen die Schüler/-innen insbesondere die Kompetenz erwerben, den Aufbau der Energiekraftanlagen nachzuvollziehen und die technische Umsetzung von Primärenergien in Sekundärenergien zu erklären. Sie sollen darüber hinaus die Notwendigkeit eines nachhaltigen Umgangs mit der Umwelt und den natürlichen Ressourcen erkennen.

KV 17: Neben der Erklärung der Entstehung des Windes und der Übersetzung dieser Naturkraft in einer Windkraftanlage zur Stromgewinnung wird auch die grundsätzliche Funktionsweise eines Generators verdeutlicht, der in den weiteren Arbeitsblättern nur noch genannt, aber nicht mehr beschrieben wird.

KV 18 und KV 19: Photovoltaik-Anlagen und das Solarthermie-Kraftwerk sind verschiedene Nutzungsformen der Sonnenenergie. Die Solarthermie spielt in Deutschland im Gegensatz zur Photovoltaik nur eine Nebenrolle. Photovoltaik hingegen wird sowohl auf Dächern als auch auf der Freifläche eingesetzt und ist neben der Windenergie eine der wichtigsten Säulen der Energiewende.

KV 20: Wie die drei vorherigen Quellen nutzt auch die Bioenergie als Urquelle die Sonnenenergie, die in diesem Falle in Pflanzen gebunden ist. Bioenergie wird auch für die Gewinnung von Biosprit (Bioethanol) genutzt.

KV 21: In Deutschland wird kein weiterer Ausbau von Wasserkraftanlagen erwartet, da die Technologie für langsam fließende Flüsse noch nicht ausgereift ist. Denn aus Naturschutzgründen wird die Wasserkraft wegen des nach wie vor unzureichenden Schutzes von Fischen kritisiert.

KV 22: Die Rahmenvoraussetzungen für Gezeitenkraftanlagen sind sehr speziell, weswegen sie nicht an vielen Orten der Welt umgesetzt werden können. In den Niederlanden gibt es größere Anlagen, auch in Frankreich und Norwegen. Sie nutzen den Wechsel von Ebbe und Flut in beide Richtungen, sodass der Wasserfluss die Turbinen in beide Richtungen drehen kann.

KV 23: Neben der Wasserkraft ist die Geothermie (Erdwärme) die zweite Energiequelle ausschließlich irdischen Ursprungs. Sie nutzt den zugänglichen Teil der in der Erdkruste gespeicherten Wäre. Die Geothermie existiert in zwei Ausprägungen: oberflächennah (wird in diesem Kapitel nicht weiter thematisiert) und in der Tiefe bis zu mehreren Kilometern.

KV 24: In der Kopiervorlage 17 ging es um das klassische Windkraftwerk mit einem Mast, auf dessen Spitze der Rotor mit seinen Rotorblättern montiert ist. Eine spanische Firma (Vortex Bladeless) hat nun ein neues Verfahren unter Ausnutzung von Schwingungen erfunden, um Windenergie in elektrische Energie umzuwandeln. Ein geeignetes Rohr wird durch den Wind in Eigenschwingungen versetzt, welche dann die Bewegung in elektrische Energie umwandeln. Die Schüler/-innen sollten mit dem Begriff „Resonanz“ vertraut gemacht werden. Sehr geeignet ist ein Video über die Zerstörung der Tacoma-Noarrows-Brücke in den USA. Unter dem Stichwort: „Tacoma“ finden sich im Internet zahlreiche geeignete Videos als Beispiel einer Resonanz-Katastrophe. Fotos von Windschwingungstürmen sind unter dem Stichwort „vortex bladeless“ über die Suchmaschinen zu finden.

Wie Windenergieanlagen funktionieren

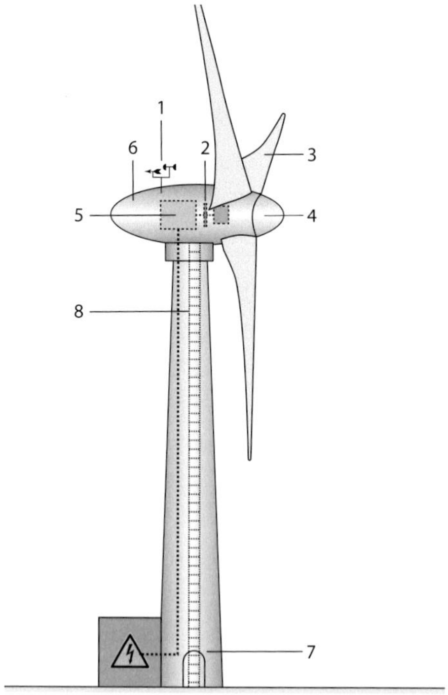

© Cornelsen/newVISION GmbH, Bernhard A. Peter

Auf der Erde gibt es eigentlich immer Wind als Ausgleich von Luftmassen zwischen hohem und niedrigem Druck. Der unterschiedliche Druck wird durch Aufheizen (durch die Sonne) oder Abkühlen (in der Nacht oder über großen Wasserflächen) erzeugt. Durch die Erdrotation erhält der Wind zudem eine grundsätzliche Richtung. In Deutschland (Nordhalbkugel) weht er im Regelfall von West nach Ost (auf der Südhalbkugel andersherum). Weitere Einflüsse auf die Windverhältnisse ergeben sich auch durch die Landschaftsgestaltung. Auf offenen Flächen ohne Wald oder auch auf kleinen Hängen weht der Wind stetiger und stärker. Daher eignen sich solche Standorte besonders gut, um dort Windenergieanlagen zu errichten.

Bläst der Wind die Windenergieanlage an, dann dreht sich der Rotor. Dieser ist so geformt, dass er den Wind etwas ablenkt und dadurch Druck auf dem Rotor entsteht, dem dieser „ausweichen" will. Daher dreht er sich quasi immer vom Winddruck weg.

Der Rotor wiederum treibt einen Generator an. Diese Maschine setzt die Magnete in Bewegung, die ihr Magnetfeld um eine (Induktions-)Spule drehen. Dadurch wird in der Spule eine Spannung erzeugt, die die Elektronen anregt. Diese Elektronen sind der Strom, der gebraucht wird, um beispielsweise ein Licht zum Leuchten zu bringen oder um einen Computer zu betreiben. So wird euer Licht am Fahrrad beispielsweise durch einen kleinen Generator, dem Fahrraddynamo, angetrieben.

Ziffer	Teile der Windkraftanlage
1	
2	
3	
4	
5	
6	
7	
8	

1. In der Skizze ist eine Windkraftanlage abgebildet. Ordne den Ziffern in der Tabelle die richtigen Fachbegriffe zu (Es gibt mehr Begriffe als Ziffern.): Aufstieg, Generator, Gondel, Nabe, Rotorblatt, Turm, Flügel, Getriebe, Motor, Windmessgerät. Vergleicht eure Ergebnisse anschließend in der Klasse.

2. Recherchiert im Internet, ab welcher Windgeschwindigkeit sich ein Windrad automatisch abschaltet.

978-3-589-16879-8 | Barbara Brüning, Burkhart Brüning, Michael Krieger | Themenheft Sekundarstufe – Erneuerbare Energien im Diskurs

Photovoltaik-Anlagen bündeln Sonnenphotonen

Wenn die Sonne scheint, dann können wir das sehen und auch auf der Haut spüren – zumindest wenn keine Wolken im Weg sind. Die Sonne strahlt eine riesige Menge an Licht aus. Licht ist nichts anderes als elektromagnetische Energie, die wir wahrnehmen können. In der Physik wird Licht als eine Mischung aus Welle und Teilchen – als Photon – beschrieben. Diese von der Sonne ausgesandten Photonen können wir mit Photovoltaikanlagen in Strom verwandeln.

© Shutterstock.com/ RosLobsos

Eine Photovoltaikanlage ist immer in mindestens zwei Schichten aufgebaut. Die obere Schicht ist dabei negativ dotiert. Das bedeutet, dass hier zu viele Elektronen sitzen. Die untere Schicht ist wiederum positiv dotiert. Das bedeutet, dass hier zu wenige Elektronen sitzen. Die Sonnenphotonen dringen nun durch die obere Schicht ein und durchbrechen die Barriere zwischen der Schicht mit den zu vielen und den zu wenigen Elektronen, sodass ein Elektron aus der oberen in die untere Schicht „wechseln“ kann. Das passiert natürlich nicht nur einmal, sondern immer dann, wenn Sonnenphotonen in die Photovoltaikanlage gelangen.

1 ______________________________

2 ______________________________

3 ______________________________

4 ______________________________

5 ______________________________

1. Benennt die mit Ziffern markierten Komponenten der Solaranlage, und erklärt mithilfe des oberen Schaubildes, wie diese Anlage funktioniert.
2. Erklärt mündlich, welche Faktoren, wie z. B. Lichtintensität, Strahlungsstärke, Ausrichtung (Winkel), Schaltung der einzelnen Solarpanele, Abstand der Solarzellen vom Erdboden und Fläche der Solarfelder, einen Einfluss auf die Leistung der umgewandelten Lichtenergie von Solarzellen haben. Begründet, welcher dieser Faktoren den größten Einfluss hat.
3. Legt anhand der Einflussfaktoren an der Tafel oder dem Whiteboard Kriterien fest, nach welchen Kriterien ein Standort für eine Solaranlage ausgewählt werden sollte.

978-3-589-16879-8 | Barbara Brüning, Burkhart Brüning, Michael Krieger | Themenheft Sekundarstufe – Erneuerbare Energien im Diskurs

Der Aufbau eines Solarthermiekraftwerkes

Solarthermische Kraftwerke bestehen aus vielen Spiegeln. Diese Spiegel sammeln die Wärmestrahlung der Sonne und bündeln sie in einen Punkt. Ähnlich verhält es sich auch, wenn mit einer Lupe die Sonnenstrahlen auf einen Punkt fokussiert werden und damit beispielsweise ein Blatt Papier entzündet wird. Die Spiegel der Solarthermieanlage sollen nichts entzünden, dafür aber aufheizen. Dazu kann entweder ein Rohr verwendet werden, in dem sich Flüssigkeit befindet oder aber auch ein Turm, auf dem es eine Stelle gibt, wo Flüssigkeit in einem Rohrsystem fließt. Diese Flüssigkeit erhitzt sich auf mehrere hundert Grad.

© Cornelsen/Burkhart Brüning

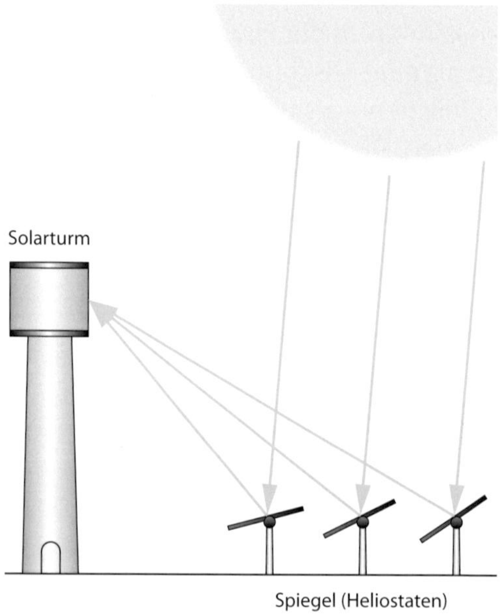

© Cornelsen/newVISION GmbH, Bernhard A. Peter

Die aufgeheizte Flüssigkeit wird dann durch das Rohrsystem transportiert. Ihre Wärme dient dazu, Wasser zum Kochen bringen. Der Wasserdampf wiederum treibt einen Generator an, der Strom erzeugt.

Bei einem Parabolrinnenkraftwerk bündeln gewölbte Spiegel das einfallende Sonnenlicht in einer „Brennlinie". Dort verläuft ein dünnes Rohr, in dem sich Flüssigkeit befindet. Die Sonneneinstrahlung erhitzt den Inhalt des Rohres auf mehrere hundert Grad Celsius, der dann über Leitungen zu Turbinen geleitet wird. Meist werden die rinnenförmigen Spiegel permanent der Sonne nachgeführt – ähnlich wie in der unteren Abbildung – damit die Anlage den ganzen Tag lang möglichst viel Energie umwandeln kann.

In einem Solarturmkraftwerk wird das Sonnenlicht in einem einzigen Punkt gebündelt, die von computergesteuerten Brennspiegeln gesteuert werden. Am Brennpunkt befindet sich ein vergleichsweise kleiner „Absorber", in dem es bis über 1.000 Grad Celsius heiß werden kann. Die Wärmeenergie wird dazu verwendet, um Dampf zu erzeugen, der wiederum mithilfe von Turbinen die Generatoren antreibt.

1. Erklärt mit eigenen Worten die Funktionsweise eines Solarthermiekraftwerkes.
2. Recherchiert, welche Länder Solarthermiekraftwerke nutzen und ob Deutschland auch dazu gehört. Schreibt eure Antworten auf die Rückseite des Blattes.
3. Findet heraus, ob es in Deutschland Solarturmkraftwerke gibt.

978-3-589-16879-8 | Barbara Brüning, Burkhart Brüning, Michael Krieger | Themenheft Sekundarstufe – Erneuerbare Energien im Diskurs

Energie aus Biogasanlagen

In Pflanzen befindet sich viel Energie. Diese nutzen das Sonnenlicht, um damit Photosynthese zu betreiben. Das heißt: Sie nehmen das Kohlendioxid (CO_2) aus der Luft auf, spalten es und produzieren damit Sauerstoff, den wir wiederum zum Atmen brauchen. Grünpflanzen und Grünalgen nutzen die Lichtenergie, um durch eine chemische Reaktion aus Kohlendioxid und Wasser sogenannten Einfachzucker und Sauerstoff zu bilden. Den Zucker nutzen die Pflanzen als Nahrung für sich selbst.

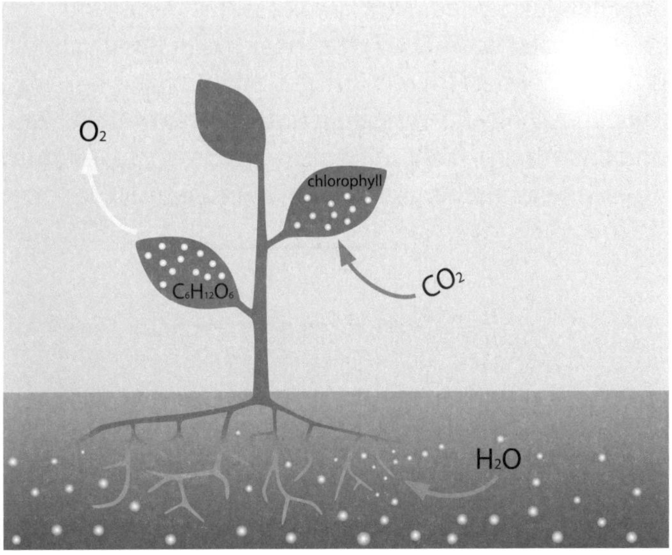

© Adobe Stock/Dreamy Girl

Werden Pflanzen (z. B. Mais oder Stroh) zerhackt und in einen luftdichten Behälter gelegt, dann fängt das Gemisch an zu gären. Das heißt, dass sich der eingelagerte Zucker in den Pflanzen umwandelt und in eine grüne Masse zersetzt. Dabei wird Gas frei. Dieser Vorgang ist mit der menschlichen Verdauung vergleichbar. Wenn der Mensch etwas isst, entsteht im Darm Gas, das mit einem Pups dann wieder entweicht.

Das freiwerdende pflanzliche Gas wird in einem speziellen Behälter gesammelt. Wenn genug Gas vorhanden ist, dann wird dieses in der Biogasanlage weitergeleitet und kontrolliert entzündet. Die freiwerdende Wärmeenergie kann dann zur Wasserdampferzeugung verwendet werden, durch die mithilfe eines Generators Strom erzeugt wird. Der Vorteil einer Biogasanlage besteht darin, dass sie unabhängig von der Sonneneinstrahlung und vom Wind ist.

Pflanzen sind ideale Rohstoffe für die Energiegewinnung

____

____

____

____

1. „Pflanzen leben von der Energie der Sonne." Was versteht ihr unter diesem Gedanken? Schaut euch dazu die Abbildung an.
2. Erklärt schriftlich, warum Pflanzen ideale Rohstoffe für die Energiegewinnung sind. Vergleicht zu zweit eure Antworten.
3. Recherchiert im Internet, wie eine Biogasanlage funktioniert. Haltet dazu anschließend ein Kurzreferat über die Funktionsweise.

978-3-589-16879-8 | Barbara Brüning, Burkhart Brüning, Michael Krieger | Themenheft Sekundarstufe – Erneuerbare Energien im Diskurs

Wie Wasserkraftwerke funktionieren

Die Fließgeschwindigkeit von Wasser ist im europäischen Raum zu gering, um Generatoren direkt zu bewegen. Die Turbine kann sich nicht schnell genug drehen, sodass zu wenig Strom produziert wird. Um die Fließgeschwindigkeit des Wassers zu erhöhen, werden große Staudämme gebaut, die das Wasser in Stauseen sammeln. Dadurch kann mehr Druck erzeugt werden, und das Wasser fließt mit hoher Geschwindigkeit durch die Leitungen zur Turbine, die sich dann viel schneller drehen kann und somit mehr Strom erzeugt.

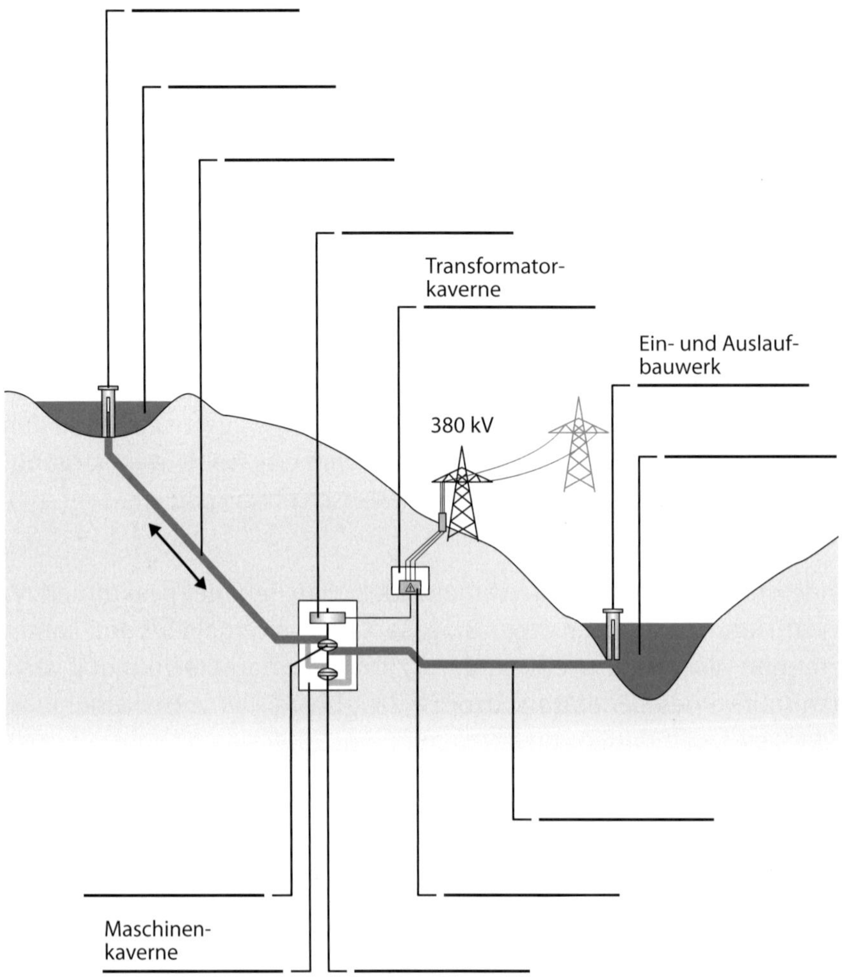

© Cornelsen/newVISION GmbH, Bernhard A. Peter

Staudämme können nur dort gebaut werden, wo ein Fluss durch Berge stark eingekesselt ist. Sie tragen dazu bei, dass Täler überflutet und die sich dort befindenden Ortschaften umgesiedelt werden müssen. Aufgrund dieser extremen Veränderung der Landschaft werden in Europa kaum solche Projekte umgesetzt, weil dadurch viel Natur zerstört wird.

1. In der oberen Skizze sind freie Textfelder. Sucht im Netz nach den richtigen Fachausdrücken und schreibt diese in die leeren Felder. Vergleicht eure Ergebnisse anschließend in der Klasse.
2. Zu Beginn des 20. Jahrhunderts wurden auch in Flüssen kleine Wasserkraftwerke gebaut. Findet heraus, wozu diese verwendet wurden. Notiert eure Ergebnisse auf der Rückseite des Blattes.
3. Haltet ein Kurzreferat zur Funktionsweise eines Wasserkraftwerkes.

978-3-589-16879-8 | Barbara Brüning, Burkhart Brüning, Michael Krieger | Themenheft Sekundarstufe – Erneuerbare Energien im Diskurs

Gezeitenkraftwerke nutzen den Tidenhub

Ein wichtiges Charakteristikum der Meere ist der Wechsel von Ebbe und Flut. Durch die Anziehung des Mondes (und der Sonne) wird das Meerwasser mal aufgetürmt (Flut) und mal abgeflacht (Ebbe). Der Wechsel passiert alle sechs Stunden durch die Rotation der Erde um die eigene Achse. Dieser Wechsel der Wassermassen kann dazu genutzt werden, Strom zu erzeugen.

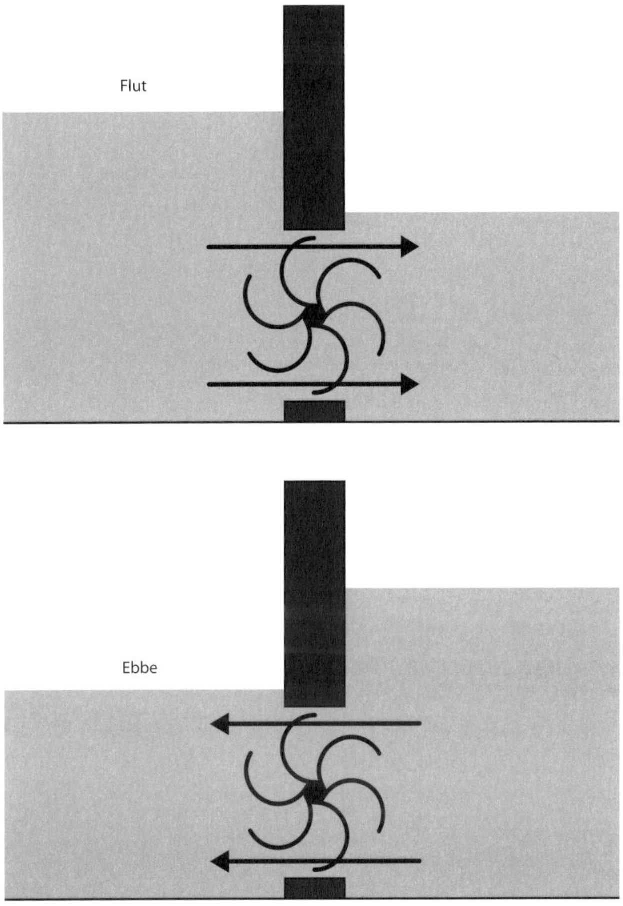

© Cornelsen/newVISION GmbH, Bernhard A. Peter

Gezeitenkraftwerke funktionieren dabei sehr ähnlich wie Wasserkraftwerke. Es wird ein Deich (oder Staudamm) gebaut, der das Wasser auf einer Seite „gefangen hält". Hierfür muss die Landschaft ein paar Bedingungen erfüllen, damit der Staudamm entsprechend errichtet werden kann (z. B. an Flussmündungen oder auch in Fjorden). Auch muss der sogenannte Tidenhub, also der Unterschied zwischen Ebbe und Flut entsprechend groß sein.

Bei Flut steht das Wasser am höchsten. Wenn nun der Wechsel zur Ebbe einsetzt, dann fließt das Wasser durch Rohre im Staudamm nach draußen. Dabei muss es an Turbinen vorbei, die wiederum einen Generator antreiben. Kommt nach der Ebbe die Flut zurück, dann fließt das Wasser in die andere Richtung durch den Staudamm und treibt erneut Turbinen an.

Ein Gezeitenkraftwerk ist nicht 24 Stunden betriebsbereit.

____

____

____

____

1. Erklärt mündlich die Funktionsweise eines Gezeitenkraftwerks.
2. Begründet schriftlich, warum ein Gezeitenkraftwerk nicht 24 h am Tag in Betrieb ist.
3. Informiert euch über die Besonderheiten der Turbine in einem Gezeitenkraftwerk.
4. Recherchiert im Internet, wo sich in Europa das größte Gezeitenkraftwerk befindet.

978-3-589-16879-8 | Barbara Brüning, Burkhart Brüning, Michael Krieger | Themenheft Sekundarstufe – Erneuerbare Energien im Diskurs

Geothermieanlagen (Erdwärmekraftwerk) beheizen Häuser

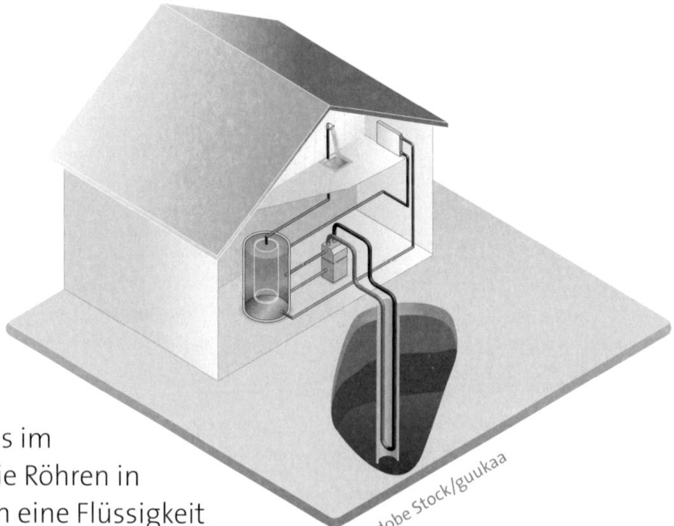
© Adobe Stock/guukaa

„Geothermie“ bezeichnet die in der Erdkruste gespeicherte Wärmeenergie. Sie kann zum Heizen, Kühlen und zur Stromerzeugung eingesetzt werden. In Deutschland steigt die Temperatur in der Erdkruste durchschnittlich um drei Grad Celsius pro 100 Meter an.

Für die Geothermie werden Röhren in den Erdboden eingebracht. Die Länge der Röhren kann mehrere hundert Meter betragen. Wenn mittels Untersuchungen eine Bohrstelle gefunden wurde, an der es im Untergrund heiß ist, dann werden dort die Röhren in den Boden getrieben. Durch sie wird dann eine Flüssigkeit gepumpt, die sich in der Tiefe mit der Wärme aus dem umliegenden Gestein aufheizt.

Die Wärme wird so nach oben transportiert und kann an der Oberfläche über einen Wärmetauscher dann dazu genutzt werden, um z. B. Wasser zum Kochen zu bringen. Bei Großanlagen treibt der Wasserdampf eine Turbine an, die wiederum einen Generator betreibt, der schließlich Strom erzeugt.

1. Auf dem Foto seht ihr einen Erdbohrer. Viele Menschen heizen ihr Haus mit Erdwärme. Beschreibt mündlich Vor- und Nachteile einer solchen Heizungsanlage.
2. Recherchiert im Internet, wie hoch der Anteil der Erdwärme unter den regenerativen Energien in Deutschland ist.
3. Wie wird mit einem Erdwärmekraftwerk Strom erzeugt? Fertigt auf der Rückseite des Blattes eine Skizze mit den notwendigen Komponenten an.
4. Erklärt mündlich die Funktionsweise eines Erdwärmekraftwerks.

© Cornelsen/Burkhart Brüning

978-3-589-16879-8 | Barbara Brüning, Burkhart Brüning, Michael Krieger | Themenheft Sekundarstufe – Erneuerbare Energien im Diskurs

Projekt der Zukunft: Schwingungen für die Windkraft nutzen

Umfragen haben ergeben, dass viele Bürgerinnen und Bürger die Windenergienutzung für sehr wichtig erachten, aber niemand möchte gern die Anlagen vor der eigenen Haustür haben. Der Baubeginn für neue Windräder wird durch Klagen von Anwohner/-innen teilweise jahrelang verzögert. Sie bringen Argumente vor, dass die Windräder zu laut und zu gefährlich für viele Vogelarten seien und nicht in die Landschaft passten. Deshalb könnte eine Schwingungs-Windkraftanlage mehr Zustimmung finden.

Und so funktioniert eine Schwingungs-Windkraftanlage:

Die Experimentieranlagen, die 2021 entwickelt wurden, bestehen aus einer Säule mit ca. 0,85 bis 3 Metern Höhe, die fest im Boden verankert ist. Der Wind versetzt den oberen Teil der Säule nach physikalischen Gesetzen in Bewegung. Es handelt sich hier um einen aerodynamischen Effekt der wirbelinduzierten Schwingung. Diese Schwingungsenergie kann z. B. Strom über einen Generator erzeugen. In der Mitte des Turms befinden sich das Steuerungssystem, der Generator und ein Gleichrichter.

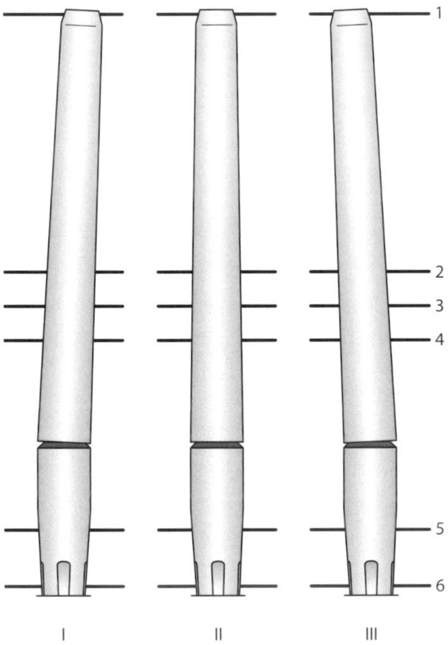

© Cornelsen/newVISION GmbH, Bernhard A. Peter

Der Vorteil der Anlagen liegt darin, dass sie ohne Getriebe auskommen und deshalb weniger Wartung benötigen und langlebiger sind. Dadurch soll der erzeugte Strom günstiger werden. Das Unternehmen „Vortex Bladeless“ schätzt, dass der Strom aus den vertikalen Windkraftanlagen um 40 Prozent günstiger sein kann als der aus herkömmlichen Windrädern.

Die Anlagen können auch bei schwachem Wind eine maximale Energieumwandlung liefern. Anders als die klassischen Windkraftanlagen stellen sie weder eine Gefahr für die Vögel dar, noch erzeugen sie Lärm.

Der Nachteil der kleinen Experimentieranlagen ist, dass sie – zumindest bisher – weniger Strom erzeugen als die klassischen Windräder, die teilweise weit über 100 Meter hoch sind. Doch dafür könnten sie überall dort stehen, wo kein Platz für große Anlagen ist, auch in Städten oder Dörfern. Die Technik soll in Zukunft weiterentwickelt werden.

1. In der Skizze sind drei Phasen der schwingenden Säule skizziert. Ordne den Ziffern in der Tabelle die richtigen Fachbegriffe zu: Gleichrichter, Verankerung, Generator, Abdeckung, Leistungsausgang, Einstell-/Justier-System. Vergleicht eure Ergebnisse anschließend in der Klasse.
2. Erklärt, auf welchen physikalischen Grundlagen die Windschwingungsanlage basiert.

Ziffer	Teile der Windschwingungsanlage
1	
2	
3	
4	
5	
6	

978-3-589-16879-8 | Barbara Brüning, Burkhart Brüning, Michael Krieger | Themenheft Sekundarstufe – Erneuerbare Energien im Diskurs

4 | Erneuerbare Energien und ethische Fragen

ZUM THEMA

Die Energiewende ermöglicht es, Deutschland und Europa mit CO_2-neutralem Strom und Brennstoff zu versorgen. Dennoch entstehen bei der technischen Umstellung auf die neuen Energieformen auch ethische Probleme, die es zu lösen gilt.

Das folgende Kapitel beschäftigt sich insbesondere mit Fragen des Naturschutzes, denn der Ausbau erneuerbarer Energien sollte naturverträglich sein. So können beispielsweise bei der technischen Installation von Windrädern Lebensräume der Flora und Fauna beeinträchtigt werden, während der Anbau von Energiepflanzen in der Landwirtschaft wiederum die Gefahr der Entwicklung von Monokulturen und den Rückgang der Biodiversität bewirken kann. Bezüglich dieser Fragen sollte vor der technischen Umsetzung erneuerbarer Energien eine Risikoabwägung vorgenommen werden. Diese Aufgabe übernimmt die neu entstandene Disziplin der Risikoethik (vgl. KV 30). Im Unterricht sollte deshalb hervorgehoben werden, dass die Natur nicht nur für menschliche Zwecke wie die Energieversorgung fungiert, sondern aufgrund ihres Eigenwertes geschützt werden muss.

DIDAKTISCH-METHODISCHE HINWEISE

Im Mittelpunkt dieser Unterrichtseinheit steht neben fachlichen Kompetenzen vor allem die methodische Kompetenz der *Argumentationsfähigkeit* hinsichtlich ausgewählter ethischer Probleme erneuerbarer Energien. Aber auch die eigene Kreativität und die Vorstellungskraft sind gefragt, z. B. bei der Ausgestaltung von biologischen Korridoren (siehe KV 26). Darüber hinaus sollen die Schüler/-innen eigenständige Begriffsklärungen wie beispielsweise zu den Begriffen „Biodiversität“ und „Monokulturen“ vornehmen (vgl. KV 26 und 28).

KV 25 charakterisiert in einem Text des KNE (Kompetenzzentrum Naturschutz und Energiewende) das Problem der Naturverträglichkeit erneuerbarer Energien. Zunächst sollten im Text verschiedene Fachbegriffe unterstrichen und geklärt werden. Die Begriffsklärung kann als Rechercheaufgaben in Einzelarbeit durchgeführt und anschließend im Plenum vorgestellt werden. Danach positionieren sich die Jugendlichen zur Begrenzung des Wirtschaftswachstums (Aufgabe 1).

KV 26 bezieht sich auf die Umweltenzyklika von Papst Franziskus. Für technische Bauten, zu denen auch die Anlagen erneuerbarer Energien gehören, empfiehlt der Papst „biologische Korridore“ anzulegen. Die Schüler/-innen sollen dazu eigene Vorstellungen entwickeln: Wie könnte ein solcher biologischer Korridor aussehen? Sollte er beispielsweise ein abgestecktes Biotop sein? Wer kontrolliert ihn? Als Hilfestellung für die eigenen Ideen könnten vor der Bearbeitung der Aufgabe an der Tafel oder dem Whiteboard gemeinsame Kriterien für den Bau solcher Korridore entwickelt werden. Anschließend sollte ein Transfer auf die Geschichte mit der Firma „VorneWind“ (Kap. 5) erfolgen. Am Beispiel der Fledermäuse lässt sich die Idee der biologischen Korridore konkretisieren. Diese KV steht auch in einem engen Zusammenhang mit der KV 28. Zur Begriffsklärung siehe: Brüning, Barbara (2018). Gedankenspule. Spiele im Ethikunterricht. Berlin: Cornelsen, 3. Auflage, S. 68 (enthält auch das Schema für einen Begriffskreis).

KV 27 geht der Frage nach, ob der Anbau von Energiepflanzen zu Lasten der Nahrungsmittelproduktion ausgeweitet wird bzw. werden soll? Die Schüler/-innen denken darüber nach, wie es gelingen könnte, ein Gleichgewicht zwischen dem Anbau von Nahrungs- und Energiepflanzen herzustellen. Weiterführende Texte hierzu finden Sie im Buch von Al Gore (siehe Literaturverzeichnis) auf den Seiten 215–219. Weiterführende Varianten zum Spiel „Kreuzverhör“ werden in dem Buch „Gedankenspule“ von Barbara Brüning (siehe vorherige Seite) auf S. 21 erklärt.

KV 28 beschäftigt sich mit dem Zusammenhang zwischen Fleischverbrauch, Monokulturen und Klimawandel. Der Dialog beginnt mit dem Thema „Grillen“. Kaum jemand denkt beim Grillen darüber nach, woher das Fleisch kommt und dass für Weideflächen Regenwälder abgeholzt werden, was zum Anstieg des CO_2-Verbrauchs führt. Am Schluss des Dialogs werden die Schüler/-innen aufgefordert, nach Alternativen zu suchen: Was soll anstelle von Fleisch auf den Grill kommen? Einen Vorschlag dazu unterbreitet die Philosophin und Tierschützerin Ursula Wolf in dem Buch „Denkt(r)äume wagen“ (Bd. 2 auf den Seiten 172/173, Cornelsen 2019) mit der Alternative, Fleisch aus Zellkulturen zu entwickeln (siehe hierzu auch die Website der Albert Schweitzer Stiftung unter dem Stichwort „Fleisch aus Zellkulturen“).

KV 29 betrifft ein Problem der Windenergie in Offshore-Windparks. Zunächst sollten in Zusammenarbeit mit dem Biologieunterricht Besonderheiten von Walen bzw. Schweinswalen in Bezug auf ihre Lebensweise wiederholt werden. Anschließend stehen Fragen des Naturschutzes im Mittelpunkt des Reflexionsprozesses: Wie kann es gelingen, sowohl die Bedürfnisse der Schweinswale als auch die der Hersteller zu berücksichtigen? Ein Stichwort hierzu könnte der „biologische Korridor“ sein (siehe KV 26).

Die Aufgabe 3 stellt ein generelles ethisches Problem in den Mittelpunkt der Reflexion, das alle KV betrifft: Sollten Probleme des Naturschutzes bei der Umstellung der gesellschaftlichen Stromversorgung auf erneuerbare Energien eine untergeordnete Rolle spielen? Hierzu werden vor der Pro- und Contra-Diskussion Argumente an der Tafel gesammelt.

KV 30 präsentiert zusätzlich zu den biologischen Korridoren als Möglichkeit des Naturschutzes die Risikoabwägung bei der technischen Installation erneuerbarer Energien. Die Schüler/-innen lernen hierzu den Begriff der Risikoethik kennen, zu dem sie im Netz recherchieren können. Zur Vorbereitung für Lehrer/-innen: Ott, Konrad u. a. 2016, S. 44–49 (siehe Literaturverzeichnis).

Erneuerbare Energien müssen naturverträglich sein

© Shutterstock.com/Andrew Mayovskyy

„Der globale Temperaturanstieg hat unmittelbare Auswirkungen auf Flora und Fauna sowie auf deren systematischen Zusammenhänge und die Leistungsfähigkeit für den Menschen. Gut geplanter und effektiv umgesetzter Klimaschutz ist folglich ein wesentlicher Beitrag zum Natur- und Artenschutz. […]

Das Maß des wirtschaftlichen Wachstums ist im Sinne einer nachhaltigen Ökonomie einzugrenzen, da biologische Vielfalt auch mit dem Blick auf die durch sie generierten natürlichen Ressourcen als nicht ersetzbar angesehen werden kann. Die planetaren Belastungsgrenzen zeigen: Die Grenzen beim Klimawandel, bei der Biodiversität, der Landnutzung und der Überdüngung sind durch den Einfluss des Menschen bereits überschritten. In Kumulation mit anderen Belastungen der Biodiversität wie Klimawandel, Flächenverbrauch, Agrarindustrie, Umweltgifte usw. wird dem naturverträglichen Ausbau der Energiewende deshalb künftig noch viel stärker eine entscheidende Aufgabe beim Erhalt der Artenvielfalt zukommen.

Die wohl wichtigste Botschaft des Modells der planetaren Belastungsgrenzen ist: Die ökologischen Herausforderungen des globalen Wandels lassen sich nicht gegeneinander ausspielen. Weder können wir das Klima auf Kosten der Artenvielfalt retten, noch können Flächennutzungen und Klimawandel voneinander getrennt betrachtet werden. Der Ausbau der erneuerbaren Energien muss daher überall, auch international, im Einklang mit den Zielen des Naturschutzes erfolgen, um die biologische Vielfalt und ihre vielfältigen Funktionen für den Menschen auch für kommende Generationen zu sichern.“[6]

[6] Kompetenzzentrum Naturschutz und Energiewende: Naturschutz in der Energiewende. Jahrbuch 2019, S. 17–19.

978-3-589-16879-8 | Barbara Brüning, Burkhart Brüning, Michael Krieger | Themenheft Sekundarstufe – Erneuerbare Energien im Diskurs

Erneuerbare Energien müssen naturverträglich sein

© Shutterstock.com/petovarga

Das Wirtschaftswachstum begrenzen?

Das Wirtschaftswachstum sollte (nicht) begrenzt werden, weil ...

1. Begründet, warum das Wirtschaftswachstum zugunsten des Klimaschutzes begrenzt bzw. nicht begrenzt werden sollte. Ihr könnt auf der Rückseite des Blattes weiterschreiben. Führt anschließend in der Klasse eine Pro-und-Contra-Diskussion darüber.
2. Recherchiert zum Begriff „Biodiversität" (Artenvielfalt). Schreibt eine kurze Definition über diesen Begriff für ein Schüler/-innenlexikon zum Thema „Umweltethik".
3. *Wir philosophieren:* Sprecht über den Zusammenhang zwischen erneuerbaren Energien, Wirtschaftswachstum und Klimaschutz.

978-3-589-16879-8 | Barbara Brüning, Burkhart Brüning, Michael Krieger | Themenheft Sekundarstufe – Erneuerbare Energien im Diskurs

Papst Franziskus: Biologische Vielfalt erhalten

„Wenn die Umweltverträglichkeit irgendeines Unternehmens geprüft wird, achtet man gewöhnlich auf die Auswirkungen auf den Boden, das Wasser und die Luft, doch nicht immer wird eine sorgfältige Untersuchung über die Wirkung auf die biologische Vielfalt eingeschlossen, als sei der Verlust einiger Arten oder Gruppen von Tieren oder Pflanzen etwas von geringer Bedeutung. Schnellstraßen, Neukultivierungen, Drahtzäune, Talsperren und andere Konstruktionen ergreifen Besitz von den Lebensräumen, und manchmal zersplittern sie diese derart, dass die Tierpopulationen nicht mehr wandern, noch frei pendeln können, sodass einige Arten vom Aussterben bedroht sind. Es gibt Alternativen – wie die Schaffung von biologischen Korridoren –, welche die Wirkung dieser Bauten zumindest abschwächen, doch eine solche Umsicht und Vorsorge ist nur in wenigen Ländern zu bemerken.“[7]

Biologische Korridore

1. Malt oder schreibt auf, wie ihr euch biologische Korridore vorstellt. Tauscht euch anschließend in kleinen Gruppen darüber aus.
2. Grenzt in Zusammenarbeit mit dem Biologieunterricht die Begriffe „biologische Korridore“, „Schutzgebiete“ und „Biosphärenreservate“ voneinander ab.
3. Informiert euch über die Umwelt-Enzyklika von Papst Franziskus. Stellt die wesentlichen Gedanken in einem Kurzreferat zusammen.
4. *Wir philosophieren:* Wendet die Idee der biologischen Korridore auf die Geschichte mit der Firma „VorneWind“ an (Kapitel 5).

---

[7] Papst Franziskus (2015): Laudato si'. Über die Sorge für das gemeinsame Haus. Die Umwelt-Enzyklika. Stuttgart: Katholisches Bibelwerk, S. 46.

978-3-589-16879-8 | Barbara Brüning, Burkhart Brüning, Michael Krieger | Themenheft Sekundarstufe – Erneuerbare Energien im Diskurs

Energiepflanzen anbauen oder Nahrungsmittel produzieren?

Ein klimaethisches Problem des 21. Jahrhunderts ist das Verhältnis zwischen dem Anbau von Energiepflanzen und der Nahrungsmittelproduktion. Die Umstellung von fossilen Brennstoffen auf regenerative Energieträger hat in der Landwirtschaft zu einer zunehmenden Herstellung von Biomasse geführt. Hierbei könnte es zu einem Konflikt kommen: Bioenergie gegen Nahrung.

Familie Berger baut seit Jahren Mais an. Nun steht sie vor einem Dilemma: Soll aus ihrem Mais Bioenergie hergestellt werden, die zur Treibhausgasreduktion beiträgt, oder soll der Mais weiterhin als Nahrungsmittel auf den Markt kommen, insbesondere auch für den Export in Entwicklungsländer?

© Shutterstock.com/Kuttelvaserova Stuchelova

Energiepflanze oder Nahrungsmittel?

1. Schreibt auf, wie ihr euch anstelle der Familie Berger entscheiden würdet. Begründet euren Standpunkt.
2. Informiert euch im Internet über die Herstellung von Biomasse und gestaltet anschließend dazu eine digitale Präsentation für eure Schul-Internetseite (siehe hierzu auch die KV 20).
3. *Wir philosophieren* mit einem Spiel; es heißt „Kreuzverhör“: Ein/-e Schüler/-in (Herr oder Frau Berger) sitzt auf einem Stuhl und wird von zwei „Verhörenden“ einem Kreuzverhör unterzogen. Die Verhörenden stellen Fragen zu den Plänen mit den Maispflanzen. Je mehr die „Verhörenden“ mit ihren Fragen nachbohren, desto intensiver müssen Herr oder Frau Berger die eingenommene Position begründen. Nach dem ethischen „Verhör“ werden die geäußerten Gedanken in der Klasse ausgewertet.

978-3-589-16879-8 | Barbara Brüning, Burkhart Brüning, Michael Krieger | Themenheft Sekundarstufe – Erneuerbare Energien im Diskurs

Monokulturen

© Shutterstock.com/Mirian Goulart Nogueira

Juliane ist mit ihrem Freund Benny auf dem Nachhauseweg von der Schule. Sie unterhalten sich.

Juliane: Kommst du heute Abend zu meiner Geburtstags-Grillparty?

Benny: Habt ihr auch vegetarische Würstchen?

Juliane: Wieso? Meine Mutter hat extra zu meinem Geburtstag tolle Steaks gekauft, brasilianisches Rindfleisch.

Benny: Ja, das ist es ja gerade. Die holzen in Brasilien den Urwald ab, um Rinder zu züchten. Und die Tiere erhöhen dann den CO_2-Ausstoß und schaden dem Klima. Und außerdem führt die Rinderzucht zu Monokulturen, das hast du doch im Geografie-Unterricht gelernt.

Juliane: Aber, da kannst du ja gar nichts mehr essen! Und Grillen macht dann auch keinen Spaß mehr!

Benny: ____

____

____

____

____

1. Führt den Dialog zwischen Juliane und Benny weiter. Ihr könnt auch die Rückseite des Blattes dafür nutzen. Stellt eure Ideen anschließend im Plenum vor.
2. Wiederholt, was eine Monokultur ist. Das Wort setzt sich aus *mono* (allein) und *cultura* (Pflege, Aufzucht) zusammen.
3. *Wir philosophieren:* Erklärt den Zusammenhang zwischen Klima, Urwald und Monokulturen. Welche Rolle könnten erneuerbare Energien in diesem Kontext spielen? Ein wichtiges Stichwort hierzu ist der CO_2-Ausstoß.

978-3-589-16879-8 | Barbara Brüning, Burkhart Brüning, Michael Krieger | Themenheft Sekundarstufe – Erneuerbare Energien im Diskurs

Schweinswale und Windparks

© Shutterstock.com/Nadzin

Der Schall im Meer

Viele Meerestiere orientieren sich an Schallgeräuschen. Auch der Schweinswal nutzt den Schall zur Orientierung, zur Kommunikation und zum Kontakt mit Artgenossen. Er verfügt über ein sehr sensibles Gehör. Bereits bei einer Lautstärke von mehr als 164 Dezibel droht ihm nachhaltig Schwerhörigkeit und es kann zu unkontrollierten Fluchtreaktionen kommen. Der Betrieb der Offshore-Windkraftanlagen ist für die schall-orientierten Wale nicht das eigentliche Problem. Es geht vielmehr um den Aufbau der Windräder und insbesondere um das Rammen ihrer Verankerung im Meeresboden.

Stellt euch vor, ihr seid der zuständige Referent oder die zuständige Referentin für Offshore-Windparks im Bundesumweltministerium. Was würdet ihr den Baufirmen in Bezug auf den Naturschutz empfehlen?

1. Notiert in Zusammenarbeit mit dem Biologieunterricht in Stichworten einige Besonderheiten der Lebensweise des Schweinswals in die Umrisse des Wals.
2. Ihr könnte auf der Rückseite des Blattes weiterschreiben, was ihr in Bezug auf den Naturschutz der Baufirmen bei Offshore-Windparks empfehlen würdet (siehe hierzu auch KV 15).
3. Projektvorschlag: Recherchiert im Internet, was beim Bau von Windkraftanlagen im Meer beachtet werden muss.
4. *Wir philosophieren:* Oliver meint in einem Statement bei „Jugend debattiert“, dass beim Ausbau erneuerbarer Energien der Naturschutz zweitrangig sei. Sammelt an der Tafel oder dem Whiteboard Gegen-Argumente, und führt anschließend eine Debatte dazu.

978-3-589-16879-8 | Barbara Brüning, Burkhart Brüning, Michael Krieger | Themenheft Sekundarstufe – Erneuerbare Energien im Diskurs

Solarfelder und Risikoethik

Vater: Auf der Wiese, die wir verkauft haben, wird jetzt ein Solarfeld gebaut.

Mutter: Ich bin froh, dass wir etwas für naturverträglichen Strom tun können.

Kind: Von wegen naturverträglich! Auf der Wiese waren Brutstätten von Wildgänsen, die werden jetzt vertrieben.

Vater: Aber die Betreiber-Firma hat uns gesagt, dass sie eine Risikoabwägung gemacht haben. Die Gänse finden woanders neue Brutstätten.

Was ist Risikoethik?

Die Risikoethik ist eine neue Disziplin der Angewandten Ethik, die sich mit Problemen des wissenschaftlich-technischen Fortschritts beschäftigt. Die Risikoethik trägt dazu bei, bei Projekten wie den erneuerbaren Energien die Chancen und Risiken abzuwägen. Sie erarbeitet Vorschläge, wie die Risiken minimiert werden können.

Was geschieht mit den Gänsen?

Risikoabwägung bei erneuerbaren Energien

1. Unterbreitet einen Vorschlag der Risikoabwägung bezüglich der Wildgänse. Was soll mit ihnen passieren? Vergleicht zu zweit eure Ideen (siehe hierzu auch KV 15).
2. Recherchiert im Netz zur Risikoethik und schreibt anschließend auf einem Extra-Blatt einen kurzen Beitrag für ein Schüler/-innenlexikon. Tragt eure Ideen in der Klasse vor.
3. *Wir philosophieren:* Sammelt an der Tafel oder dem Whiteboard Argumente, warum auch bei Projekten der erneuerbaren Energien Risikoabwägungen getroffen werden sollten. Stichworte könnten sein: Naturschutz, fehlender Wind usw.

978-3-589-16879-8 | Barbara Brüning, Burkhart Brüning, Michael Krieger | Themenheft Sekundarstufe – Erneuerbare Energien im Diskurs

5 | Erneuerbare Energien und Akzeptanz vor Ort

ZUM THEMA

Die Energiewende ist ein Projekt, das davon lebt, dass viele einzelne Anlagen von erneuerbaren Energien vor Ort entstehen. Das heißt, es werden Windenergieanlagen aufgestellt und Solaranlagen auf Dächern oder auch auf freien Flächen errichtet. Außerdem gibt es Anlagen, die zur Energieerzeugung Wasserkraft, Biomasse oder Erdwärme nutzen (siehe hierzu auch das dritte Kapitel). Auch der Netzausbau ist eine relevante Größe, da der Strom dorthin transportiert werden muss, wo er gebraucht wird.

Alle Projekte der erneuerbaren Energien sind genehmigungspflichtig. Ein Antrag muss entsprechend bei der zuständigen Immissionsschutzbehörde vor Ort gestellt werden. Weitere Behörden (z. B. die unteren Naturschutzbehörden) sind an der Gesamtgenehmigung beteiligt. Vonseiten der Antragstellerin oder des Antragsstellers müssen eine Reihe von Auflagen erfüllt werden, wie z. B. die Einreichung von Gutachten, um die Einhaltung von Umweltnormen und die Verträglichkeit des Vorhabens mit den Belangen des Natur- und Artenschutzes zu belegen. Für die Eingriffe in den Naturhaushalt muss der Vorhabenträger bzw. die Vorhabenträgerin eine Kompensation in Form von Ausgleichs- und Ersatzmaßnahmen leisten; diese werden von der Genehmigungsbehörde mit der Ausstellung der Genehmigung beauflagt. Die Antragsunterlagen werden öffentlich (im Regelfall in der Gemeinde) ausgelegt und können dort von Bürger/-innen eingesehen werden (formelles Beteiligungsverfahren). Es besteht die Möglichkeit, Einwendungen gegen das Vorhaben zu machen, die von der Behörde in einem gesetzlich vorgeschriebenen Verfahren bearbeitet werden müssen. Zunehmend nutzen die Projektierer/-innen von Anlagen informelle Beteiligungsverfahren, um bei den Bürger/-innen Akzeptanz für ihre Vorhaben zu gewinnen. Hierfür werden unter anderem Diskussionsveranstaltungen, Zeitungsanzeigen oder auch sogenannte Infomärkte durchgeführt.

Die Umsetzung der Energiewende führt trotzdem häufig zu Konflikten vor Ort, da verschiedene Gruppen von Akteur/-innen unterschiedliche Anliegen haben, die mehr oder weniger vom Energiewende-Projekt tangiert werden. Anwohner/-innen befürchten Lärm, Schattenwurf, blinkende Lichter (Nachtbefeuerung), Geruchsbelästigungen und elektromagnetische Felder, die beispielsweise als psychosomatische Auswirkungen Schaflosigkeit zur Folge haben. Naturschützer/-innen sehen tödliche Gefahren für die lokale Vogel- und Fledermauswelt (Kollisionen) oder eine Beeinträchtigung der Schönheit der Landschaft (siehe hierzu auch die KV 26). Gemeinderät/-innen sind oft besorgt, dass der touristische Wert ihrer Kommune und damit wichtige Einnahmen sinken. Nicht selten gründen sich Bürger/-inneninitiativen, die mit Kampagnen gegen die Vorhaben vorgehen. Diese haben sich in den letzten Jahren stark professionalisiert und miteinander vernetzt. Nicht immer werden die eigentlichen Anliegen formuliert, sondern Argumente eingebracht, mit denen man größeren Druck erzeugen kann („hidden agenda"), beispielsweise sind Aspekte des Artenschutzes aufgrund der starken gesetzlichen Regelungen im Bundesnaturschutzgesetz ein scharfes Schwert in gerichtlichen Auseinandersetzungen. So werden auch schon einmal Rotmilane (eine besonders geschützte Vogelart) „gesichtet", die gar nicht da sind. An dieser Stelle sind die Behörden gefragt, die diesen Hinweisen nachgehen müssen!

Allerdings gibt es auch Akteur/-innen, die positive Effekte bei den Energiewende-Projekten sehen: So werden durch die Ausgleichs- und Ersatzmaßnahmen Lebensräume bestimmter Arten (Habitate) aufgewertet. Auch durch das Projekt selbst können Habitate aufgewertet werden, etwa durch naturverträgliche Solarparks. Der Gemeinde fließen durch Energiewende-

Projekte kommunale Steuereinnahmen zu, die sie für wichtige soziale Maßnahmen einsetzen kann (z. B. Bau einer Kita, Betrieb eines Schwimmbades oder Anlegen eines Fahrradweges).

Als gesamtgesellschaftliches Projekt stößt die Energiewende auf überwältigende Zustimmung. Wenn es aber um die konkreten Projekte vor Ort geht, kann diese Zustimmung schnell schwinden. Dieses Prinzip wird NIMBY (Not-In-My-Backyard: Nicht in meinem Garten) genannt, im Deutschen spricht man auch vom Sankt-Florians-Prinzip („Verschon' mein Haus, zünd' and're an!"). Trotzdem: Untersuchungen belegen, nur etwa 5 bis 10 Prozent der Bevölkerung vor Ort sind wirklich strikt gegen das Vorhaben, tun dies aber lautstark kund. Ebenso gelten 5 bis 10 Prozent als konsequente Befürworter/-innen, die aber eher selten vernehmbar sind. Die sogenannte „schweigende Mehrheit" (80 bis 90 Prozent) ist zunächst unentschieden, kann also noch für das Projekt gewonnen werden. Hier setzen sogenannte Akzeptanzmaßnahmen an. Entscheidend ist eine frühzeitige Einbeziehung aller Akteur/-innen, und zwar zu einem Zeitpunkt, an dem auf die Ausgestaltung des Vorhabens noch Einfluss genommen werden kann. Denn vielen Menschen ist es wichtig, dass sie ernst genommen werden und ihnen zugehört wird. Daher wirken vor Ort zunehmend professionelle Moderator/-innen, um die informellen (gesetzlich nicht vorgeschriebenen und daher auch nicht notwendiger Teil des Genehmigungsprozesses) Beteiligungsverfahren zu unterstützen. Sie sichern ab, dass alle Argumente vorgetragen, bearbeitet und kanalisiert werden können.

Das Verfahren der Mediation ist schon aus der Antike bekannt, aber noch ein relativ neues Instrument, wenn es um eine bevölkerungsnahe Umsetzung von Infrastrukturvorhaben geht. Ein Rahmenbedingungen festlegendes Mediationsgesetz gibt es erst seit ein paar Jahren. Die Ausbildung zum Mediator bzw. zur Mediatorin ist aufwändig, und die Mediierenden brauchen gute Kommunikations- und Schlichtungstechniken, und natürlich starke Nerven. Rollen- und Planspiele bilden ein grundlegendes Element der Aus- und Fortbildung. Im Zentrum der Mediation steht die gewaltlose Kommunikation. Es wird miteinander und nicht übereinander gesprochen (Ich-Bezug statt Du-Bezug). Es geht darum, die unterschiedlichen Positionen nicht gegeneinander auszuspielen, sondern ein gegenseitiges Verständnis zu schaffen. Eine Mediation ist dann ein Erfolg, wenn der Konflikt geklärt ist – was nicht heißt, dass er gelöst sein muss. Wichtig ist, dass alle Beteiligten Verständnis dafür entwickeln, warum die eigenen Interessen in diesem Fall zurücktreten müssen.

Die Lösung von Konflikten in der Energiewende muss immer auf den konkreten Konflikt vor Ort zugeschnitten werden. Dabei gibt es nie nur *eine* Lösung, sondern es kann eine ganze Palette an Lösungsvarianten zum Tragen kommen. Im Gegensatz zu Gerichtsverfahren ermöglicht die Methode der Mediation einen Ausgleich der verschiedenen Interessen. Empathisches Zuhören und lösungsorientiertes Handeln sind zentrale Bausteine dieser Methode, die sich im Verlauf des Verfahrens von der Moderation auf die Teilnehmer/-innen. Übertragen soll. Im besten Falle gehen alle mit einem Gefühl nach Hause, dass ihre Anliegen eingebracht, gehört und besprochen wurden. Dass diese Anliegen dann auch wirklich durchgesetzt werden, steht oftmals nicht mehr im Fokus der Auseinandersetzung (im Gegensatz zum Gerichtsverfahren).

DIDAKTISCH-METHODISCHE HINWEISE

Im Mittelpunkt dieses Kapitels steht eine Geschichte über einen fiktiven Konfliktfall in Bezug auf die Errichtung von Windrädern, die angeblich in der Gemeinde die Natur zerstören. Die Geschichte soll von den Schüler/-innen in zwei Etappen gelesen und bearbeitet werden. Zunächst beschäftigen sich die Jugendlichen mit dem ersten Teil des Konflikts in der Gemeinde Zinzow und gestalten dazu ein Planspiel. Anschließend bearbeiten sie den zweiten Teil der Geschichte, in dem eine Mediation und Konfliktlösung stattfinden.

Die Schüler/-innen sollen durch die Beschäftigung mit der Geschichte die Kompetenz erwerben, sich in verschiedene Positionen einzelner Akteur/-innen und die sie stützenden Argumente hineinzudenken und eigene Argumentationen und Lösungsvorschläge zu entwickeln.

KV 31: Zu Beginn wird die Geschichte in Stillarbeit gelesen. Die Schüler/-innen lernen einen Konfliktfall kennen, ohne dass dazu schon eine Lösung präsentiert wird.

KV 32 bis 38 Erste Phase (Vorbereitung des Planspiels): Die Schüler/-innen bilden kleine Gruppen. Sie wählen jeweils einen Charakter aus der Geschichte aus, mit dem sie sich intensiver beschäftigen wollen. Die Lehrkraft wirkt in diesem Prozess unterstützend, damit alle Charaktere aus der Geschichte auch verteilt werden. Sie sorgt auch dafür, dass sich ein oder zwei Schüler/-innen auf ihre Moderationsrolle vorbereiten und Gesprächsregeln sowie Fragen für eine simulierte Gemeinderatssitzung erarbeiten.

Bevor sich die Mitglieder der einzelnen Gruppen zusammensetzen, füllen sie jeweils in Einzelarbeit die Punkte 1 bis 7 in Stichworten auf dem Arbeitsblatt aus; die Punkte 8 und 9 bleiben bis zur dritten Phase unbearbeitet.

In der zweiten Phase beginnt das Planspiel. Die Schüler/-innen erhalten dazu die **KV 39**, die ihnen den Ablauf skizziert. Zunächst werden die in Einzelarbeit ausgefüllten Arbeitsblätter in der Gruppe diskutiert und das Verhalten der jeweiligen Figuren insbesondere in den Punkten 5 bis 7 bewertet. Anschließend wird eine Schülerin bzw. ein Schüler ausgewählt, welche/-r die jeweilige Figur in der fiktiven Gemeinderatssitzung vertreten soll.

In der simulierten Gemeinderatssitzung soll besonders darauf geachtet werden, dass die Schüler/-innen in der Rolle der Figur bleiben und nur Argumente anführen, die für die Rolle angemessen sind. Die Argumente aus der Diskussion sollten von den nicht beteiligten Schüler/-innen in Stichworten auf der **KV 40** festgehalten werden.

Im Anschluss an die simulierte Diskussion soll im Plenum darüber gesprochen werden: Was lief gut, was lief nicht gut? Wo zeigen sich Argumentationslinien? Hierzu sollte auch die **KV 41** als Grundlage dienen. Zudem wird ein Ausblick auf den nächsten Teil gewagt, indem Einschätzungen abgegeben werden, ob der Konflikt gelöst werden kann oder ob der Streit weiter eskalieren könnte.

Hierzu sollten die von den Schüler/-innen vorgebrachten Lösungsvarianten von der Lehrkraft auf dem Whiteboard oder der Tafel festgehalten werden, damit sie im Anschluss an den zweiten Teil der Geschichte mit den dort präsentierten Lösungen verglichen werden können.

In der dritten Phase wird das bisherige Verhalten der beteiligten Personen mit ihrem Verhalten während der Mediation verglichen. Die Schüler/-innen lesen zunächst in Einzelarbeit den zweiten Teil der Geschichte **(KV 41)** und füllen auf ihrem jeweiligen Arbeitsblatt **(KV 32 bis 38) den Punkt 8 aus**. Danach wird in der Gruppe über das Verhalten der jeweiligen Personen diskutiert und über Gründe für ihre Verhaltensänderung nachgedacht.

Anschließend vergleichen die Schüler/-innen in der Klasse ihre eigenen Lösungsvorschläge (auf dem Whiteboard oder auf der Tafel) mit denen in der Geschichte und ziehen ein gemeinsames Fazit.

HINWEISE FÜR DIE LEHRKRAFT: ABLAUF DES PLANSPIELS

Erste Phase:

- Die Schüler/-innen lesen die Geschichte in Stillarbeit (KV 31).
- Die Lehrkraft unterstützt die gleichmäßige Gruppeneinteilung und achtet darauf, dass alle Charaktere verteilt werden. Jeden Charakter gibt es nur einmal und jeder Charakter muss verteilt sein. Es werden also sieben Gruppen gebildet.

Zweite Phase

- Die Schüler/-innen füllen in Einzelarbeit die Punkte 1 bis 7 auf den KV 32 bis 38 aus und bereiten ein sie vertretendes Gruppenmitglied auf die Teilnahme an der fiktiven Gemeinderatssitzung (=Stuhlkreis) vor, die im Anschluss daran stattfindet. Vorher arbeitet die Gruppe „Mediator/-in" Gesprächsregeln aus. Diese sollen vor allem berücksichtigen, wie miteinander gesprochen werden soll, wie damit umzugehen ist, wenn jemand emotional oder laut wird. Vor allem muss geklärt werden, wann das Gespräch erfolglos beendet wird oder wann das Gespräch als Erfolg gilt. Hierfür könnten sowohl ein Zeitrahmen als auch klar definierte Ziele hilfreich sein. Diese Gesprächsregeln sollten vor der Diskussion mit allen Schüler/-innen abgestimmt werden.
- Fiktive Gemeinderatssitzung: Diskussion der aus den jeweiligen Gruppen entsandten Vertreter/-innen.
- Im Anschluss an die Diskussion wird im Plenum ein vorläufiges Fazit gezogen.
- Die Schüler/-innen denken über Lösungsmöglichkeiten des Konflikts nach und halten diese auf dem Whiteboard oder der Tafel fest.

Dritte Phase:

- Die Schüler/-innen lesen den zweiten Teil der Geschichte in Stillarbeit (KV 41).
- Die Schüler/-innen bearbeiten in Einzelarbeit den Punkt 8 auf ihrer jeweiligen KV (KV 32 bis 38).
- Die Gruppenmitglieder diskutieren anhand der KV mit den Charakteren darüber, wie ihre Figur im Mediationsprozess in der Geschichte agiert. Dabei sollen sie Gemeinsamkeiten und Unterschiede herausarbeiten und anschließend im Plenum vorstellen.
- Anschließend vergleichen alle Schüler/-innen die eigenen Lösungsansätze mit denen in der Geschichte und füllen Punkt 9 auf der jeweiligen KV (32 bis 38) aus.
- Als Resümee denken die Schüler/-innen darüber nach, welche Konflikte beim Ausbau der erneuerbaren Energien allgemein entstehen könnten (Naturschutz, Landschaftsbild, Lärm, Sichtachsen, Akzeptanz, betriebswirtschaftlicher Gewinn, Klimaschutz, Energiewende allgemein usw.). Dazu kann ein Schema an der Tafel oder dem Whiteboard erarbeitet werden.

Erste Phase: Charaktere – Lehrkrafthinweise

Rolle	Beschreibung
Geschäftsführer/-in VorneWind	Beruf: Geschäftsführer/-in Familie: unbekannt Einstellung zu erneuerbaren Energien: Befürworter/-in Einstellung zum Windpark: Befürworter/-in Argument: bringt Vorteile für Klimaschutz; bringt der Gemeinde Geld ein (Schwimmbad)
Sebastian Oheim	Alter: 54 Beruf: Sägewerk-Betreiber Familie: Bruder von Konrad Oheim Einstellung zu erneuerbaren Energien: Befürworter Einstellung zum Windpark: will den Park, da er Pachteinnahmen erwarten kann; hat eine PV-Anlage auf dem Sägewerk Argument: alte Anlagen auch schon da, neue aber besser
Konrad Oheim	Alter: 51 Beruf: Bürgermeister Familie: Bruder von Sebastian Oheim Einstellung zu erneuerbaren Energien: unbekannt Einstellung zum Windpark: vermutlich positiv Argument: will Frieden in der Gemeinde wahren; will familienfreundliche Gemeinde weiter ausbauen
Helmut Müller	Alter: 69 Beruf: Rentner, ehemaliger Bürgermeister Familie: Vater einer Tochter und Großvater von zwei Enkelkindern Einstellung zu erneuerbaren Energien: Kritiker Einstellung zum Windpark: dagegen, hat Bürgerinitiative gegründet Argument: Lärmbelästigung, zerstört Natur
Tochter von Helmut Müller	Beruf: Hochschullehrerin Familie: alleinerziehende Mutter, zwei Kinder; Tochter von Müller Einstellung zu erneuerbaren Energien: unbekannt Einstellung zum Windpark: vielleicht positiv, da Möglichkeiten für junge Familien geschaffen werden Argument: unbekannt
Naturschützer/-in	Beruf: ehrenamtliche/-r Naturschützer/-in Familie: unbekannt Einstellung zu erneuerbaren Energien: unbekannt Einstellung zum Windpark: unbekannt, tendenziell negativ Argument: Natur wird unwiederbringlich zerstört
Mediator/-in vom KNE	Beruf: Mediator/-in Einstellung zu erneuerbaren Energien: neutral Einstellung zum Windpark: will Konflikt lösen Argument: alle Argumente müssen gehört und ausdiskutiert werden

Die Gemeinde Zinzow und der Streit um die Windenergie

Teil 1

© Illustration: Felix Scholz

In Süddeutschland ist die Betreibergesellschaft „VorneWind" seit Ende der 1990er-Jahre tätig. Zunächst beschäftigte sich das Unternehmen mit seinen gerade einmal fünf Mitarbeiter/-innen damit, privaten Flächenbesitzer/-innen Kleinwindanlagen zu verkaufen. VorneWind war dabei sowohl für das Genehmigungsverfahren als auch für Betrieb und Wartung zuständig. Das Unternehmen entwickelte sich aufgrund der guten wirtschaftlichen Lage zu einem überregionalen Akteur. Heute betreut die Firma über zwanzig Windparks im ganzen Bundesgebiet. In allen Parks zusammen stehen rund 180 Windenergieanlagen.

© Illustration: Felix Scholz

Gerade ist VorneWind dabei, zwei neue Projekte umzusetzen. Eines davon in Süddeutschland. Beim anderen ist sie zum ersten Mal in Ostdeutschland aktiv. Hier soll ein kleiner Windpark mit gerade einmal fünf Anlagen mit einer niedrigen Gesamtleistung komplett erneuert werden. Den Vorgang nennt man Repowering. Die neuen Anlagen haben eine Nabenhöhe von 200 Metern (gegenüber 115 Metern der aktuell dort stehenden Anlagen) und eine um das Fünffache gesteigerten Gesamtleistung. Der Windpark befindet sich auf einer kleinen Anhöhe und ist umgeben von einem Kiefernwald, der im Wesentlichen als Plantage für das nahe Sägewerk der Firma „Mühlenfrei" dient. Vereinzelt stehen zwischen den Kiefern ältere Buchen mit Baumhöhlen; dort nisten Fledermäuse. Mühlenfrei ist alleiniger Grundstückseigentümer der Windparkfläche. Der Betreiber des Sägewerks Sebastian Oheim (54) sitzt seit 24 Jahren für die CDU im Gemeinderat Zinzow.

978-3-589-16879-8 | Barbara Brüning, Burkhart Brüning, Michael Krieger | Themenheft Sekundarstufe – Erneuerbare Energien im Diskurs

© Illustration: Felix Scholz

Zinzow ist eine kleine Gemeinde im Herzen Ostdeutschlands mit zirka 4.000 Einwohner/-innen. Nachdem deren Zahl einige Jahre aufgrund schlechter Jobmöglichkeiten immer weiter gesunken war, hat sich der Trend in den letzten fünf Jahren gedreht. Man hat damit begonnen in die Infrastruktur zu investieren, um für junge Familien aus der nahegelegenen Großstadt „Ratzow" attraktiv zu werden. Demnächst soll der Gemeinderat (5 CDU, 4 SPD, 1 Freie Wähler, 1 Grüne) über den Bau eines Spielplatzes und eines neuen Fahrradweges abstimmen. Ehrenamtlicher Bürgermeister ist Konrad Oheim (51) – der jüngere Bruder von Sebastian Oheim – ebenfalls von der CDU. Er hat das Mandat der Bürgerschaft seit der Wahl im letzten Herbst inne, nachdem sein Vorgänger Helmut Müller von der SPD nach zwei Jahrzehnten das Amt im Alter von 69 Jahren aus gesundheitlichen Gründen aufgegeben hat. Konrad Oheim ist Rinderhalter im Ort und hatte vor geraumer Zeit auf seinen Ställen leistungsstarke Photovoltaikpaneele anbringen lassen. Sein Vorgänger Müller arbeitete bis zu seiner Rente für die Volksbank im Nachbarort. Sein Haus steht am Waldrand mit direktem Sichtkontakt zum Windpark. Seine alleinerziehende Tochter lebt mit ihren zwei kleinen Jungs direkt auf dem Nachbargrundstück.

© Illustration: Felix Scholz

978-3-589-16879-8 | Barbara Brüning, Burkhart Brüning, Michael Krieger | Themenheft Sekundarstufe – Erneuerbare Energien im Diskurs

Helmut Müller ist gegen das Repowering des Windparks, da seiner Ansicht nach dadurch massive Eingriffe in die Natur stattfinden. Schon bei der Genehmigung des ersten Windparks vor zwanzig Jahren, zu seinem Amtsantritt, war er nicht der größte Fürsprecher. Damals sah er aber die dadurch steigenden Einnahmen bei der Gewerbesteuer, mit der dann in die Gemeinde investiert wurde, um für jüngere Leute attraktiver zu werden; so wurde zum Beispiel das viele Jahre geschlossene Schwimmbad wiedereröffnet.

© Illustration: Felix Scholz

Die anderen Anwohner/-innen der Goethestraße (sie führt entlang des Waldes) hat er bereits zweimal zu sich nach Hause eingeladen, um zu beraten, was getan werden kann, um das Vorhaben zu verhindern. Auch hat Helmut Müller bereits einen Brief an die Geschäftsführung von VorneWind geschrieben. Darin äußert er starke Bedenken, ob der Windpark mit den neuen „riesigen Anlagen bis zum Himmel hinauf" (Zitat Müller) überhaupt genehmigungsfähig sei. Müller weiter: „Ich bin ein großer Befürworter der Energiewende, aber sie muss dort umgesetzt werden, wo sie nicht dazu beiträgt, wertvolle Natur zu zerstören und die Landschaft zu verunstalten. Daher bitte ich Sie eindringlich, Ihr Vorhaben nicht umzusetzen. Wir haben lange unseren Beitrag geleistet, jetzt sind andere dran." Helmut Müller oder andere Anwohner/-innen der Goethestraße haben zur großen Verärgerung von Bürgermeister Konrad Oheim über Nacht große Schilder an den Ortszufahrten aufgestellt, auf denen „Mörder!" steht oder auf denen Fledermäuse und Windenergieanlagen zu sehen sind. Ein Bezug zum geplanten repowerten Windpark darf vermutet werden. Die Lokalpresse ist bereits aufmerksam geworden und hat VorneWind um ein Interview gebeten.

© Illustration: Felix Scholz

978-3-589-16879-8 | Barbara Brüning, Burkhart Brüning, Michael Krieger | Themenheft Sekundarstufe – Erneuerbare Energien im Diskurs

Rollenbeschreibung der Firma VorneWind

Rolle	Beschreibung (in Stichworten)
VorneWind  © Illustration: Felix Scholz	1. Name: 2. Alter: 3. Beruf: 4. Familie: 5. Was hält die Person allgemein von erneuerbaren Energien? 6. Was hält die Person vom geplanten Windpark? 7. Das beste Argument dieser Person ist: 8. Verhalten während der Konfliktlösung (2. Teil der Geschichte): 9. Fazit:

978-3-589-16879-8 | Barbara Brüning, Burkhart Brüning, Michael Krieger | Themenheft Sekundarstufe – Erneuerbare Energien im Diskurs

Rollenbeschreibung des Bürgermeisters

Rolle	Beschreibung (in Stichworten)
Sebastian Oheim  © Illustration: Felix Scholz	1. Name: ______ 2. Alter: ______ 3. Beruf: ______ 4. Familie: ______ 5. Was hält die Person allgemein von erneuerbaren Energien? ______ ______ ______ ______ 6. Was hält die Person vom geplanten Windpark? ______ ______ ______ ______ 7. Das beste Argument dieser Person ist: ______ ______ ______ ______ 8. Verhalten während der Konfliktlösung (2. Teil der Geschichte): ______ ______ ______ ______ 9. Fazit: ______ ______ ______ ______

978-3-589-16879-8 | Barbara Brüning, Burkhart Brüning, Michael Krieger | Themenheft Sekundarstufe – Erneuerbare Energien im Diskurs

Rollenbeschreibung des Sägewerk-Besitzers

Rolle	Beschreibung (in Stichworten)
Konrad Oheim  © Illustration: Felix Scholz	1. Name: ____ 2. Alter: ____ 3. Beruf: ____ 4. Familie: ____ 5. Was hält die Person allgemein von erneuerbaren Energien? ____ ____ ____ ____ 6. Was hält die Person vom geplanten Windpark? ____ ____ ____ ____ 7. Das beste Argument dieser Person ist: ____ ____ ____ ____ 8. Verhalten während der Konfliktlösung (2. Teil der Geschichte): ____ ____ ____ ____ 9. Fazit: ____ ____ ____ ____

978-3-589-16879-8 | Barbara Brüning, Burkhart Brüning, Michael Krieger | Themenheft Sekundarstufe – Erneuerbare Energien im Diskurs

Rollenbeschreibung des ehemaligen Bürgermeisters

Rolle	Beschreibung (in Stichworten)
Helmut Müller  © Illustration: Felix Scholz	1. Name: ________ 2. Alter: ________ 3. Beruf: ________ 4. Familie: ________ 5. Was hält die Person allgemein von erneuerbaren Energien? 6. Was hält die Person vom geplanten Windpark? 7. Das beste Argument dieser Person ist: 8. Verhalten während der Konfliktlösung (2. Teil der Geschichte): 9. Fazit:

978-3-589-16879-8 | Barbara Brüning, Burkhart Brüning, Michael Krieger | Themenheft Sekundarstufe – Erneuerbare Energien im Diskurs

Rollenbeschreibung der Tochter des ehemaligen Bürgermeisters

Rolle	Beschreibung (in Stichworten)
Tochter von Helmut Müller  © Illustration: Felix Scholz	1. Name: ____ 2. Alter: ____ 3. Beruf: ____ 4. Familie: ____ 5. Was hält die Person allgemein von erneuerbaren Energien? ____ ____ ____ ____ 6. Was hält die Person vom geplanten Windpark? ____ ____ ____ ____ 7. Das beste Argument dieser Person ist: ____ ____ ____ ____ 8. Verhalten während der Konfliktlösung (2. Teil der Geschichte): ____ ____ ____ ____ 9. Fazit: ____ ____ ____ ____

978-3-589-16879-8 | Barbara Brüning, Burkhart Brüning, Michael Krieger | Themenheft Sekundarstufe – Erneuerbare Energien im Diskurs

Rollenbeschreibung der Naturschützers bzw. der Naturschützerin

Rolle	Beschreibung (in Stichworten)
Naturschützer/-in  Illustration: Felix Scholz	1. Name: ______ 2. Alter: ______ 3. Beruf: ______ 4. Familie: ______ 5. Was hält die Person allgemein von erneuerbaren Energien? ______ ______ ______ ______ 6. Was hält die Person vom geplanten Windpark? ______ ______ ______ ______ 7. Das beste Argument dieser Person ist: ______ ______ ______ ______ 8. Verhalten während der Konfliktlösung (2. Teil der Geschichte): ______ ______ ______ ______ 9. Fazit: ______ ______ ______ ______

978-3-589-16879-8 | Barbara Brüning, Burkhart Brüning, Michael Krieger | Themenheft Sekundarstufe – Erneuerbare Energien im Diskurs

Rollenbeschreibung der Mediatorin bzw. des Mediators vom Kompetenzzentrum Naturschutz und Energiewende (KNE)

Rolle	Beschreibung (in Stichworten)
Mediator/-in vom KNE  © Illustration: Felix Scholz	1. Name: ______ 2. Alter: ______ 3. Beruf: ______ 4. Familie: ______ 5. Was hält die Person allgemein von erneuerbaren Energien? 6. Was hält die Person vom geplanten Windpark? 7. Das beste Argument dieser Person ist: 8. Verhalten während der Konfliktlösung (2. Teil der Geschichte): 9. Fazit:

978-3-589-16879-8 | Barbara Brüning, Burkhart Brüning, Michael Krieger | Themenheft Sekundarstufe – Erneuerbare Energien im Diskurs

Durchführung des Planspiels

Erste Phase: Einzelarbeit

1. Teilt euch in sieben etwa gleichgroße Gruppen auf, und verteilt die sieben Charaktere auf die Gruppen. Jeder Charakter kann nur einmal vergeben werden, und für jeden Charakter muss es eine Gruppe geben.
2. Jede Gruppe bekommt ein Arbeitsblatt. Schreibt in Gruppenarbeit die Angaben aus der Geschichte (Punkte 1 bis 7) auf das Arbeitsblatt, und denkt euch fehlende Angaben aus.

Zweite Phase

3. Diskutiert in der Gruppe über den von euch ausgesuchten Charakter. Überlegt euch Argumente für dessen Anliegen während der anstehenden Diskussion in der Gemeinde und notiert sie auf einem Extra-Blatt.
4. Wählt eine Person aus eurer Gruppe aus, die den Charakter in der Diskussion aller Beteiligten vertreten wird.
5. Die Gruppe der Moderator/-innen bereitet sich darauf vor, wie die Diskussion stattfinden soll. Sie stellt Gesprächsregeln auf (z. B.: Diskutiert in gegenseitigem Respekt. Hört einander zu, lasst alle Beteiligten ausreden und bemüht euch, aufeinander einzugehen und gemeinsam eine Lösung für das Problem zu finden.), über die ihr dann in der Klasse beratet. Achtet vor allem darauf, wie damit umzugehen ist, wenn jemand emotional, z. B. laut, wird. Überlegt euch, wie ihr das mit einfachen Mitteln und gewaltlos (also ohne selbst laut zu werden) verhindern könnt.
6. Nun nimmt aus jeder Gruppe eine Schülerin bzw. einen Schüler als Vertretung an einem Stuhlkreis teil. Entscheidet in der Gruppe, wer euch vertreten soll. Diese Schülerin bzw. dieser Schüler spielt nun den jeweiligen Charakter
7. Diejenigen, die nicht mitdiskutieren, halten die Argumente aus der Diskussion auf der KV 40 fest.
8. Wertet anschließend die Diskussion in der Klasse aus, und überlegt gemeinsam, welche Lösungsmöglichkeiten es für den Konflikt geben könnte. Haltet eure Ideen auf dem Whiteboard oder der Tafel fest.

Dritte Phase

9. Lest den zweiten Teil der Geschichte zunächst in Stillarbeit, und füllt dann gemeinsam in den Gruppen der Charaktere Punkt 7 auf eurem Arbeitsblatt aus.
10. Diskutiert in der Gruppe über das Verhalten eures Charakters während der Konfliktlösung und zieht ein Fazit (Punkt 9 auf eurem Arbeitsblatt).
11. Erarbeitet zusammen mit eurer Lehrkraft in der Klasse ein Resümee: Wie löst ihr die Geschichte? Was ist euch dabei wichtig? Was ist weniger wichtig? Gibt es alternative Möglichkeiten? Vergleicht die Konfliktlösung in der Geschichte mit euren eigenen Vorschlägen auf dem Whiteboard.

978-3-589-16879-8 | Barbara Brüning, Burkhart Brüning, Michael Krieger | Themenheft Sekundarstufe – Erneuerbare Energien im Diskurs

Argumente aus der Diskussion

(in Stichworten notieren)

Müllers Argumente:	Naturschutz-Argumente:

K. Oheims Argumente:	**Argumente der Tochter:**

S. Oheims Argumente:	**VorneWind-Argumente:**

© Illustration: Felix Scholz

978-3-589-16879-8 | Barbara Brüning, Burkhart Brüning, Michael Krieger | Themenheft Sekundarstufe – Erneuerbare Energien im Diskurs

Eine Lösung für die Gemeinde Zinzow finden

Teil 2

Die Firma „VorneWind“ hat sich beim Kompetenzzentrum Naturschutz und Energiewende (KNE) gemeldet und es gebeten, bei der Klärung des Konfliktes vor Ort zu unterstützen. Das KNE reist mit zwei Mediator/-innen nach Zinzow, um dort mit den Beteiligten eine Gesprächsrunde durchzuführen. Mit dabei sind Bürgermeister Oheim und sein Bruder, der Sägewerkbetreiber, der komplette Gemeinderat, der ehemalige Bürgermeister Müller als Vertreter der Bürgerinitiative, die lokale Ortsgruppe eines Naturschutzverbandes, jeweils eine Vertreterin der unteren Naturschutzbehörde und der Genehmigungsbehörde sowie der Geschäftsführer bzw. die Geschäftsführerin von VorneWind. Dem Vorschlag des KNE folgend ist keine Presse vor Ort, da man in geschützter und vertrauensvoller Atmosphäre miteinander sprechen will.

© Illustration: Felix Scholz

Nachdem in den ersten Minuten hitzig Argumente über den Tisch fliegen, gelingt es den beiden Mediator/-innen sehr schnell, eine sachliche Umgebung zu schaffen. So werden Themenpakete sortiert, und es wird darüber beraten, welches Thema zuerst bearbeitet werden soll. Alle einigen sich darauf, dass der Schutz der Fledermäuse am wichtigsten ist. Danach sollen noch die Themen „Wertschöpfung für die Gemeinde“ und „Lärmschutz“ debattiert werden.
Die örtliche Naturschutzgruppe bringt vor, dass es sich bei den Fledermäusen um geschützte Arten handelt, die in den Baumhöhlen in den Buchen nisten. Die Genehmigungsbehörde fügt hinzu, dass VorneWind ein Gutachten beigebracht hat, das zeigt, wann die Fledermäuse aktiv sind und dass man dies in der Genehmigung berücksichtigen werde, dass die Anlagen dann abgeschaltet werden müssen, wenn die Fledermäuse ausfliegen. Ein sogenannter Abschaltalgorithmus errechnet die Uhrzeit je nach Tageszeit und Datum. Die Naturschutzgruppe ist darüber erfreut, dass hier eine gute Lösung gefunden wurde, und bietet an, VorneWind bei weiteren Naturschutzfragen zu unterstützen. Das Angebot wird vom Geschäftsführer bzw. der Geschäftsführerin gerne angenommen.

978-3-589-16879-8 | Barbara Brüning, Burkhart Brüning, Michael Krieger | Themenheft Sekundarstufe – Erneuerbare Energien im Diskurs

Als Nächstes kommt die Wertschöpfung für die Gemeinde auf den Tisch. VorneWind erklärt das Modell der Finanzierung der Anlagen und der möglichen Ertragsaussichten. Daraus abgeleitet listet Bürgermeister Oheim die möglichen Steuereinnahmen auf. Diese sollen dazu genutzt werden, um den Ort weiterhin attraktiv für junge Familien zu gestalten. Dabei blickt er Altbürgermeister Müller an und gibt zu verstehen, dass er damit auch seine Tochter meint. „Für uns als Gemeinde ist es wichtig, diese Steuereinnahmen zu bekommen, damit wir neben dem Schwimmbad auch endlich eine gut ausgestatte Schulbibliothek anbieten können." Altbürgermeister Müller fängt zu grübeln an und denkt an seine zwei Enkelkinder, von denen eines schon zur örtlichen Schule geht.

© Illustration: Felix Scholz

Zuletzt wird der Lärm für die Anwohner/-innen diskutiert. VorneWind erklärt, dass auch die neuen Anlagen so stehen, dass der Wind über Zinzow zu den Anlagen zieht und daher die Lärmbelästigung ähnlich hoch sein wird wie bei den aktuellen Anlagen. Nur wenn der Wind dreht, kann es sein, dass die Anlagen stärker zu hören sind, weil sie größer sind. Altbürgermeister Müller entgegnet, dass die Kinder ihren Schlaf brauchen, um in der Schule ausgeruht zu sein. VorneWind versteht das Anliegen und verspricht, mit den Anwohner/-innen zusammen in regelmäßigen Abstanden Lärmmessungen durchzuführen. Sollte die Belastung merklich steigen, sollen weitere Maßnahmen diskutiert werden.

Die Runde endet mit der Erkenntnis aller Beteiligter, dass diese Diskussion unbedingt notwendig gewesen ist. Die Vereinbarungen werden schriftlich festgehalten. Sollte es weitere Bedenken oder neuerliche Herausforderungen geben, will die Runde sich wieder zusammensetzen. Alle Beteiligten danken den Mediator/-innen für ihre tolle Arbeit.

© Illustration: Felix Scholz

978-3-589-16879-8 | Barbara Brüning, Burkhart Brüning, Michael Krieger | Themenheft Sekundarstufe – Erneuerbare Energien im Diskurs

6 | Eine klimaneutrale Schule gestalten

ZUM THEMA

Seit vier Milliarden Jahren besitzt die Erde eine Atmosphäre und damit verbunden gibt es Klimaänderungen. In der Wissenschaft ist es inzwischen erwiesen, dass sich das Klima zunehmend in Richtung Erderwärmung verändert. Die Politik und die Wissenschaft haben gemeinsam festgestellt, dass der Mensch durch die Verbrennung fossiler Energieträger und den Raubbau an den natürlichen Ressourcen der Erde, maßgeblich für die Klimaveränderung verantwortlich ist. Seit 1970 verbraucht die Weltbevölkerung mehr Ressourcen, als die Erde von sich aus wieder im gleichen Zeitraum regenerieren kann. Seit 2008 benötigten wir weltweit 1,5 Planeten vom Typ Erde – Deutschland anteilsmäßig sogar 2,8 Planeten, um unseren Lebensstil aufrecht zu erhalten. Damit die Erderwärmung nicht weiter voranschreitet, muss der Treibhauseffekt reduziert werden (vgl. hierzu WWF et al. Living Planet Report 2012, S. 38ff).

Die Treibhausgase verhalten sich wie die Glashülle eines Treibhauses für Pflanzen. Sie lassen die kurzwellige Strahlung der Sonne weitgehend auf die Erdoberfläche durch, absorbieren jedoch die reflektierte langwellige terrestrische Strahlung und verhindern so, dass die Wärme der Sonnenstrahlen ins All zurück reflektiert wird. Ohne diesen natürlichen Treibhauseffekt wäre die Erde eine Eiswüste mit einer globalen Mitteltemperatur von zirka -18 °C statt den angenehmeren +15 °C. Durch diesen grundsätzlich vorhandenen Treibhauseffekt ist unser Planet überhaupt erst bewohnbar geworden. Obwohl der Anteil der Treibhausgase nur sehr gering ist, beeinflussen sie durch ihre chemischen und physikalischen Eigenschaften entscheidend das Klima. Nimmt ihre Konzentration zu, verstärkt dies den Treibhauseffekt und führt zu globalen und regionalen Klimaveränderungen. In den letzten 35 Jahren sind die menschlich verursachten Treibhausgasemissionen um etwa 70 Prozent gestiegen. Die steigende Konzentration der Gase durch Energieerzeugung, Verkehr, Industrie, Abholzung ganzer Wälder, Landwirtschaft usw. führt zu einer weiteren unnatürlichen Erwärmung der Erdoberfläche mit weitreichenden Folgen für unser Klima. Um den Treibhauseffekt zu reduzieren, muss der Klimaschutz auch in der in der Schule Einzug halten. Denn die Schulen zählen mit zu den großen kommunalen CO_2-Emittenten.

Das Projekt der „Klimaneutralen Schulen“ beinhaltet in vielen Ländern der Europäischen Union und in den Bundesländern in Deutschland wirkungsvolle Klimaschutzmaßnahmen und Energie-Einsparungen. Überspitzt lässt sich sagen, dass es ohne klimaneutrale Schulen kein klimaneutrales Land gibt. Denn eine durchschnittliche Schule mit ca. 1.000 Schüler/-innen sowie 80 Lehrkräften emittiert durch Strom und Heizung 385 Tonnen CO_2 pro Jahr. Der CO_2-Ausstoß der kommunalen Immobilien, von denen die Schulen und Kitas die wichtigsten CO_2-Emittenten sind, beträgt etwa zwei bis drei Prozent der kommunalen Emissionen. Diese in Zukunft zu reduzieren ist ein Ziel, für das die klimaneutrale Schule steht.

DIDAKTISCH-METHODISCHE HINWEISE

Die Schüler/-innen sollen sich zunächst in das Thema „Klimaneutralität“ (Grundwissen über Treibhauseffekt, Klimawandel und Klimaschutz) einarbeiten. Denn ohne Grundlagen und Basisfachwissen können sie keine eigenen Ideen zur CO_2-Reduzierung entwickeln. Mit den fachlichen und instrumentellen Kenntnissen sollen dann Fertigkeiten und Fähigkeiten entwickelt werden, um zunächst eine Analyse über den Ist-Zustand an den Schulen vorzunehmen: Wie groß ist der CO_2-Anteil des verwendeten Stroms an unserer Schule? Ist die Schulheizung auf dem neusten Stand? Mit welchen Verkehrsmitteln kommen die Schüler-/innen und die Lehrkräfte zur Schule? Wie hoch ist der CO_2-Ausstoß bei der Mobilität? Kann der CO_2-Ausstoß in der Schulkantine bei der Zubereitung des Essens reduziert werden? Muss in der Schule so viel kopiert und gedruckt werden? Wie wird die Beleuchtung der Schule reguliert, mit welchen Leuchtmitteln?

Nach einer ausführlichen Analyse dieser Fragen können die Schüler/-innen in kleinen Gruppen Lösungen erarbeiten.

Zu den Grundlagen dieser Lösungen gehören auch Kenntnisse physikalischer Eigenschaften und chemischer Formeln. So dient beispielsweise ein Elementarwissen im Fach Mathematik dazu, wichtige Berechnungen, z. B. Kalkulationen, durchzuführen, oder im Fach „Medien" bzw. „Informatik" Auswertungen von Fragebögen und anderen Daten zu analysieren. Darüber hinaus sollen die Schüler/-innen auch über das eigene Konsumverhalten diskutieren, ihren CO_2-Fußabdruck berechnen (Rechner stehen im Internet kostenlos zur Verfügung) und Möglichkeiten zur CO_2-Reduzierung für sich selbst und für die Schule erarbeiten.

Bei der **KV 42** geht es um die physikalischen Grundlagen des Treibhauseffekts. Bei der **KV 43** sollen die Schüler/-innen mit Hilfe eines kleinen Experimentes die Auswirkungen des Treibhauseffekts auf die Umwelt kennenlernen. Dabei wird die Aufheizung der Atmosphäre simuliert. Die Jugendlichen sollen erkennen, dass der Treibhauseffekt ähnlich wie ein Gewächshaus funktioniert.

Die **KV 44** stellt den CO_2-Fußabdruck vor. Im Internet gibt es zahlreiche CO_2-Rechner, die leider – bei gleicher Eingabe von Daten – teilweise völlig verschiedene Ergebnisse liefern. Diese Information sollten den Schüler/-innen mitgeteilt werden. Zuverlässig sind auf jeden Fall die CO_2-Rechner der staatlichen Medien. Ein Richtwert für eine Person in Deutschland beträgt ungefähr 11 Tonnen CO_2 im Jahr.

Die **KV 45** beschäftigt sich mit dem Wärme-Energieverbrauch in der Schule und macht eine Bestandsaufnahme. Die Schüler/-innen unternehmen eine Schulbegehung. Sie sollten mit physikalischen Messgeräten, mindestens jedoch mit einem Thermometer ausgerüstet werden.

Die **KV 46** betrifft das Stromsparen in der Schule. In den europäischen Schulen ist die Beleuchtung inzwischen fast komplett auf LED umgerüstet worden. Dadurch werden ca. 80 Prozent an Energie gespart; dazu sollten die Schüler/-innen einige physikalische Informationen erhalten. Bei einer Glühlampe wird ein Wolframdraht durch Zufuhr von Elektrizität erhitzt. Als Nebenprodukt der Wärme wird Licht abgegeben. Der Wirkungsgrad einer Glühlampe liegt bei nur etwa 10 Prozent. 90 Prozent gehen als Abwärme in der Umgebung verloren. Der Wirkungsgrad bei einer LED-Beleuchtung ist im Gegensatz dazu ungefähr um das Fünffache höher. Damit auch mit LED-Lampen zusätzlich Strom gespart werden kann, müssen alle elektrischen Geräte in der Schule berücksichtigt werden, wie z. B. Kühlschränke in Fachräumen und im Lehrkräftezimmer, Wasserboiler, Be- und Entlüftung von Klassenzimmern, die Schulmensaküche, Keramikbrennöfen im Kunstbereich und vieles mehr. Damit auch mit LED-Lampen zusätzlich Strom gespart werden kann, müssen alle elektrischen Geräte in der Schule berücksichtigt werden, wie z. B. Kühlschränke in Fachräumen und im Lehrer/-innenzimmer, Wasserboiler, Be- und Entlüftung von Klassenzimmern, die Schulmensaküche, Keramikbrennöfen im Kunstbereich und vieles mehr. Die Schüler/-innen sollten auch den Umrechnungsfaktor für Energie-CO_2 kennen: 1 kWh = 0,575 kg CO_2.

Die **KV 47** betrifft die Mobilität im Schulbetrieb. Der Weg zur Schule mit öffentlichen Verkehrsmitteln oder zu Fuß wird in naher Zukunft fast klimaneutral sein, sofern die Verkehrsmittel mit regenerativen Energien betrieben werden. Als fächerübergreifendes Projekt können die Schüler/-innen eine Datenerfassung von allen in der Schule tätigen Personen über die verwendeten Verkehrsmittel erheben. In der Literatur werden solche Projekte vorgestellt, teilweise sogar mit vorbereiteten Datenblättern.

Die **KV 48** beinhaltet das Thema „Ernährung". So sind pflanzliche Produkte aus der heimischen Region, die im Freien wachsen, klimaschonend. Es wird beim Anbau von Gemüse im Gewächshaus bis zu 100-mal mehr CO_2 freigesetzt, als beim saisonalen Freifeldanbau oder im Garten. Die Schüler/-innen sollten sich mit Beispielen des Anbaus von Gemüse beschäftigen, wie z. B. dem Tomatenanbau: Während der Sommersaison werden für Freilandtomaten 85 g CO_2 und für Gewächshaustomaten 9.300 g CO_2 freigesetzt. Der CO_2-Ausstoß von einem kg Tiefkühl-Rindfleisch ist 30-mal höher, als der für die gleiche Menge Obst. Die Schülerinnen könnten einen Vergleich von einem Dosen-Fruchtcocktail (die Inhalte stehen auf der Dose) mit den gleichen Anteilen von Frischobst machen. Neben der CO_2-Einsparung kann hier auf die Problematik der viel zu hohen Energieaufnahme beim Verzehr von Fruchtcocktails im Vergleich mit Frischobst eingegangen werden.

Was ist der Treibhauseffekt?

Der Treibhauseffekt gibt an, welche Treibhausgase in der Atmosphäre auf die Temperatur der Erde wirken und ihre Erdoberfläche erwärmen. Das Kyoto-Protokoll nennt sechs Treibhausgase: Kohlendioxid (CO_2), Methan (CH_4), Lachgas (N_2O) sowie die fluorierten Treibhausgase (F-Gase). Dazu gehören wasserstoffhaltige Fluorkohlenwasserstoffe (HFKW), perfluorierte Kohlenwasserstoffe (FKW) und Schwefelhexafluorid (SF_6). Der Treibhauseffekt entsteht dadurch, dass die Atmosphäre weitgehend durchlässig für die von der Sonne ankommende kurzwellige Strahlung ist, jedoch wenig durchlässig für die langwellige Infrarotstrahlung, die von der warmen Erdoberfläche und von der erwärmten Luft emittiert wird.

Der Treibhauseffekt lässt sich mit den Reaktionen in einem Gewächshaus vergleichen. Das Sonnenlicht dringt nahezu ungehindert ein, während die daraus entstehende Wärme das Gewächshaus nicht so leicht verlassen kann. Je stärker der Wärmefluss nach draußen gedämmt wird, desto höher steigt im Inneren die Temperatur, bis ein Gleichgewicht zwischen der umgewandelten Lichtenergie und dem Wärmeverlust erreicht wird. Im Gewächshaus kann die vom Boden aufsteigende Warmluft durch die geschlossenen Glaswände nicht nach draußen dringen. Die Lufttemperatur steigt im Inneren weiter an. Die Erde kann dagegen im Vakuum des Weltalls die empfangene Wärme nur durch Abgabe von Wärmestrahlung kompensieren und so ihre Temperatur begrenzen. Treibhausgase senden dabei einen Teil dieser Wärmestrahlung wieder zurück zur Oberfläche, die sich dadurch weiter erwärmt.

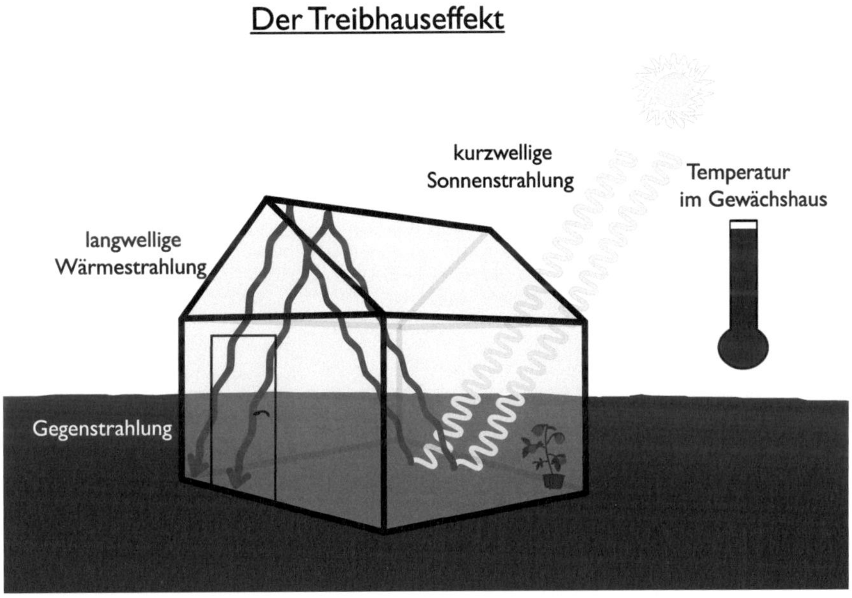

© Adobe Stock/erdkundegrafik

CO_2-Anstieg und mittlere Erdtemperatur

1. Was geschieht mit der durchschnittlichen Temperatur auf der Erde, wenn sich der Anteil des Kohlenstoffdioxids (CO_2) in der Atmosphäre erhöht? Welche Aussagen treffen zu? A: Die Temperatur bleibt unverändert? B: Die Temperatur steigt. C: Die Temperatur sinkt. Begründet eure Antwort mündlich.

2. Wieso machen Wissenschaftler/-innen den Anstieg des CO_2 in der Atmosphäre für den Anstieg der globalen mittleren Erdtemperatur verantwortlich? Schreibt die Antwort in Stichworten auf die Rückseite des Blattes und vergleicht eure Ergebnisse in der Klasse.

3. Recherchiert im Netz, welchen Anstieg der Erdtemperatur Fachleute für dieses Jahrhundert erwarten. Schreibt die Antwort auf die Rückseite des Arbeitsblattes.

978-3-589-16879-8 | Barbara Brüning, Burkhart Brüning, Michael Krieger | Themenheft Sekundarstufe – Erneuerbare Energien im Diskurs

Wir probieren den Treibhauseffekt aus

Bei diesem kleinen Experiment wird die Aufheizung der Atmosphäre simuliert. Dadurch lässt sich gut erkennen, was der Treibhauseffekt bewirkt. Das Experiment sollte mit direkter Sonneneinstrahlung durchgeführt werden.

Ihr benötigt folgende Materialien:

1 Trinkglas
1 Stück Plastikfolie
1 Gummiring
2 kleine gleich große Teller
2 gleich große Eisstücke

Cornelsen/newVISION GmbH, Bernhard A. Peter

Der Treibhauseffekt auf der Erde

____

____

____

____

____

1. Führt das Experiment durch: Stellt die beiden Teller nebeneinander auf einem Tisch mit direktem Sonneneinfall. Gebt einen Eiswürfel in das Glas und verschließt dieses gut mit der Plastikfolie und dem Gummiring. Stellt das Glas auf den Teller. Auf den zweiten Teller legt ihr den anderen Eiswürfel. Ihr solltet unbedingt darauf achten, dass beide Eiswürfel mit dem gleichen Lichteinfall bestrahlt werden. Nun beobachtet ihr, was mit den beiden Eiswürfeln passiert.

   Ihr werdet feststellen, dass der Eiswürfel unter dem Glas nach spätestens 15 Minuten stärker geschmolzen sein wird, als der, der offen auf dem Teller liegt.

   Zur Erklärung: Das Sonnenlicht kann durch das Glas und die Folie in das „Treibhaus“ eindringen. Diese Lichtenergie wird dabei in Wärmeenergie umgewandelt und bringt das Eis zum Schmelzen. Die Wärmeenergie kann aber durch das Glas nicht wieder hinaus. Die warme Luft verbleibt im Glas und wirkt nun zusätzlich auf den Eiswürfel ein. So ähnlich ist es auch mit dem Treibhauseffekt auf unserer Erde.

2. Übertragt das Experiment auf den Treibhauseffekt mit Sonne und Erde. Schreibt auf, was dabei passiert. Wertet das Experiment anschließend in der Klasse aus.

978-3-589-16879-8 | Barbara Brüning, Burkhart Brüning, Michael Krieger | Themenheft Sekundarstufe – Erneuerbare Energien im Diskurs

Mein CO_2-Fußabdruck

Der CO_2-Fußabdruck ist das Ergebnis einer Emissionsberechnung bzw. CO_2-Bilanz. Er gibt an, welche Menge von Treibhausgasen durch eine Aktivität, einen Prozess oder eine Handlung freigesetzt wird.

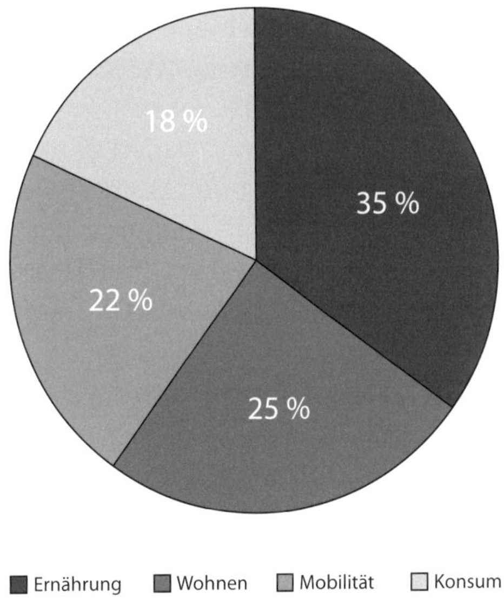

Ein CO_2-Fußabdruck lässt sich beispielsweise für alle Prozesse von Unternehmen und Privathaushalten angeben. Jedes Produkt hat einen CO_2-Fußabdruck, der die Summe der Emissionen umfasst, die durch die Herstellung, die Nutzung sowie die Verwertung und Entsorgung des jeweiligen Produktes entstehen. So kann beispielsweise die Herstellung eines PKW mit Elektroantrieb und eines mit Verbrennungsmotor exakt berechnet werden. Ein CO_2-Fußabdruck lässt sich darüber hinaus aber auch für viele weitere Aktivitäten und Prozesse berechnen – z. B. für einen Theaterbesuch, eine Bahnfahrt oder ein Essen im Restaurant. Für jede einzelne Dienstleistung lässt sich ein CO_2-Fußabdruck berechnen. Gewöhnlich wird der CO_2-Fußabdruck in sogenannten CO_2-Äquivalenten angegeben. Im Kyoto-Protokoll werden die Emissionen von fünf anderen Treibhausgasen berücksichtigt und faktorisiert. Im Internet gibt es zahlreiche CO_2-Rechner. Deinen tatsächlichen CO_2-Fußabdruck kannst du mithilfe des Rechners des Umweltbundesamtes in Schnelldurchgang ausrechnen. Er ist im Internet zu finden unter uba.co2-rechner.de.

Mein CO_2-Fußabdruck

____

____

____

____

____

____

1. Berechne deinen eigenen CO_2-Fußabdruck mithilfe eines „Fußabdruckrechners“. Notiere dein Ergebnis, und vergleiche es mit den Ergebnissen der anderen Schüler/-innen.
2. In welchen Bereichen – Verkehr (Mobilität), Wohnen, Ernährung, Einkaufen – wird am meisten CO_2 erzeugt? Vergleicht die im Tortendiagramm gegebenen Werte mit aktuellen Daten aus dem Internet. Diskutiert zu zweit, an welchen Stellen der CO_2-Ausstoß reduziert werden könnte.

978-3-589-16879-8 | Barbara Brüning, Burkhart Brüning, Michael Krieger | Themenheft Sekundarstufe – Erneuerbare Energien im Diskurs

Wie viel Energie „verbraucht" unsere Schule?

Im Winter wird Deutschland so kalt, dass wir unsere Schule heizen müssen, um eine Temperatur von ca. 20 °C zu erreichen. Die Energie zum Heizen wird nur im Winter gebraucht, dennoch benötigen wir nach Ansicht des Umweltbundesamtes in den Schulen die meiste Energie zum Heizen. Im Durchschnitt entfallen rund 30 Prozent des gesamten Energieverbrauches auf die Heizung und Warmwasserversorgung. Damit ist die Wärmeversorgung, nicht nur in den Schulen, sondern auch in den Privathaushalten und vor allem auch zusammen mit der Wärmenutzung in Industrie und Gewerbe, mit Abstand der größte Energieverbraucher. Meist nutzen wir dafür Brennmaterialien, die chemische Energie in Wärmeenergie umwandeln.

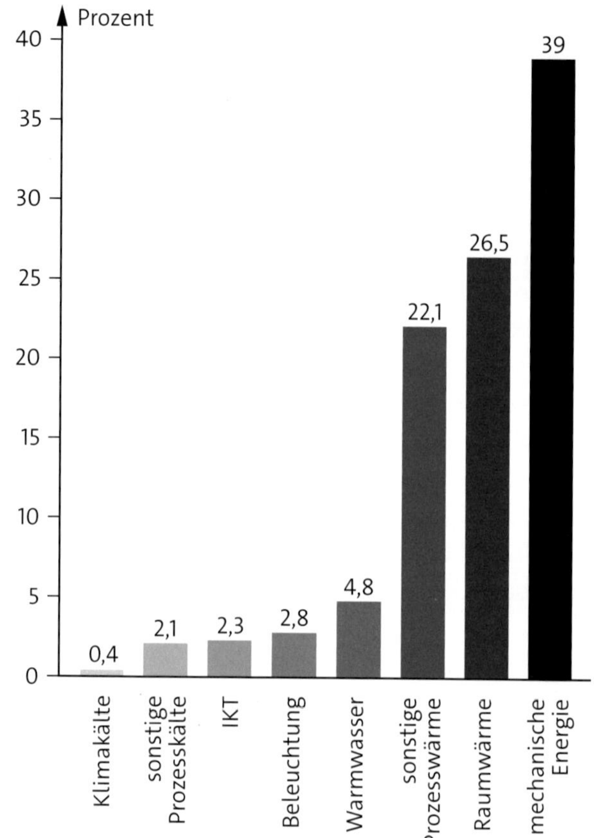

© Cornelsen/ newVISION GmbH, Bernhard A. Peter

Jedes Grad weniger an Raumtemperatur spart etwa 6 Prozent an Heizenergie. Ihr könnt die Temperatur an den Thermostatventilen regulieren. Die mittlere Stufe (3) entspricht 20 °C. Bei einer fünfstufigen Skala liegen zwischen jeder Stufe etwa 4 Grad – sofern das Thermostatventil richtig arbeitet. Beim Lüften sollte die Heizung ausgestellt werden, insbesondere der Heizkörper direkt unter dem geöffneten Fenster.

1. Bestimmt mit einem Thermometer die Raumtemperatur im Klassenraum, in den Fluren im Treppenhaus, in den Toiletten und in der Sporthalle. Tragt die Werte in die Tabelle ein.
2. Da wahrscheinlich nicht alle Schüler/-innen die gleichen Werte gemessen haben, muss der Mittelwert der einzelnen Räume berechnet werden. Notiert diesen an der Tafel oder dem Whiteboard.

Ort	Temperatur in °C
Klassenraum	
Flur	
Treppenhaus	
Toilette	
Sporthalle	

3. Nach wissenschaftlichen Untersuchungen sollten die Werte im Klassenraum 20 °C, in Fluren 16 °C bis 17 °C, im Treppenhaus 14 °C bis 17 °C, in den Toiletten 18 °C und in der Sporthalle 15 °C bis 18 °C betragen. Sollten eure gemessenen Werte nicht in dem angegebenen Intervall liegen, dann besprecht mit eurer Klassenlehrerin bzw. mit eurem Klassenlehrer, wie ihr das ändern könnt.

3. Warum sollte beim Lüften die Heizung ausgestellt werden? Diskutiert in Kleingruppen und notiert eure Ergebnisse auf der Rückseite des Blattes.

978-3-589-16879-8 | Barbara Brüning, Burkhart Brüning, Michael Krieger | Themenheft Sekundarstufe – Erneuerbare Energien im Diskurs

Strom einsparen – wie geht das?

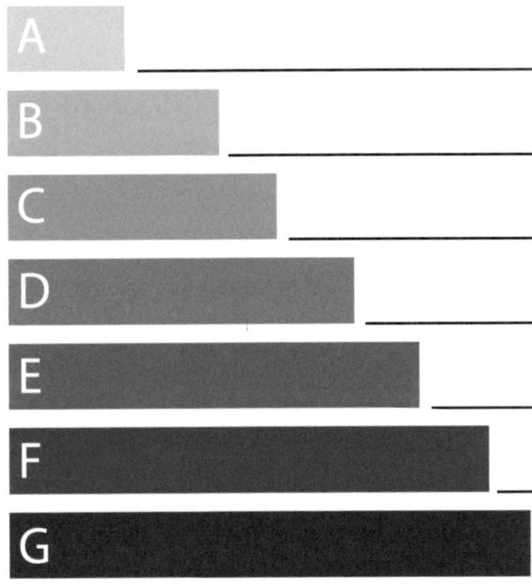

© Cornelsen/newVISION GmbH, Bernhard A. Peter

Die meisten Schulen haben die Beleuchtung von herkömmlichen Glühlampen auf moderne LED-Beleuchtung umgestellt, so können bis zu 80 Prozent Energie eingespart werden. Glühlampen erzeugen ca. das Fünffache an CO_2 im Vergleich zu Energiesparlampen. Elektrische Geräte im Standby-Betrieb verbrauchen ebenfalls Strom. Wenn ein Gerät im Stand-by-Betrieb 1 Watt verbraucht, dann sind das im Jahr (8.760 Watt-Stunden). Das entspricht ca. 8 kg CO_2 in einem Jahr. Vielfach werden die Geräte bei längerer Nichtbenutzung nicht richtig ausgeschaltet. Auch Kühlschränke sind in vielen Fällen energietechnisch falsch eingestellt; die optimale Temperatur liegt zwischen 4 °C und 7 °C. Eine Umstellung, von 6 °C auf 7 °C kann bis zu 2 Prozent des jährlichen Energieverbrauchs sparen. Ein anderes Beispiel, um Strom zu sparen, betrifft das Kochen. Wenn 1 Liter Wasser in einem Topf mit Deckel auf einem Elektroherd erhitzt wird, spart dies ca. 133 kWh im Jahr im Vergleich ohne Deckel. Dabei wird nicht nur den CO_2-Ausstoß reduziert, sondern auch Geld gespart.

1. Die obere Abbildung zeigt das neue EU-Energielabel. Die Farbskala von Dunkelgrün (= sehr gut) bis Rot (= sehr schlecht) ermöglicht eine schnelle Orientierung, wie energieeffizient ein Produkt ist. Notiert zu jeder Zeile, z. B. A, welcher elektrische Verbraucher dahinterstecken könnte.
2. Untersucht eure Schule nach der Beleuchtungsart. Fragt euren Hausmeister oder eure Hausmeisterin, ob wirklich alle Leuchtkörper inzwischen auf LED umgerüstet worden sind.
3. Wird in den Pausen das Licht in den Klassen- und Fachräumen ausgeschaltet? Fragt die Pausenaufsicht, ob ihr durch die Räume gehen dürft. Notiert alle Räume, in denen das Licht nicht ausgeschaltet wurde. Wendet euch mit dieser Liste an eure/-n Lehrer/-in mit der Bitte, das Problem zu lösen.
4. Macht mit eurer Lehrkraft eine Schulbegehung. Notiert, ob Licht in unbenutzten Räumen leuchtet. Der Einbau von Bewegungsmeldern kann das Problem lösen.
5. Untersucht unter Anleitung einer Lehrkraft, ob es elektrische Verbraucher gibt, die im Stand-by-Modus sind oder die sogar Strom verbrauchen, wenn sie komplett ausgeschaltet sind.
6. Untersucht den Außenbereich der Schule: Parkplätze, Pausenhof, Wege zwischen den Gebäuden und dem Eingangsbereich. Sind diese künstlich beleuchtet? Fragt ggf. euren Hausmeister oder eure Hausmeisterin für wen die Lampen abends eingeschaltet sind? Gibt es Zeitschaltuhren und Bewegungsmelder?

978-3-589-16879-8 | Barbara Brüning, Burkhart Brüning, Michael Krieger | Themenheft Sekundarstufe – Erneuerbare Energien im Diskurs

Mobilität im Schulbetrieb

Täglich sind Hunderttausende Schüler/-innen, Lehrkräfte und weiteres Schulpersonal auf dem Weg zur Schule und zurück. Sie alle sind fast tägliche Verkehrsteilnehmende auf Straßen, Rad- und Fußwegen sowie im öffentlichen Nahverkehr. Hinzu kommen Klassenfahrten und Ausflüge sowie Fortbildungen für die Lehrkräfte.

Für jede Schule in Deutschland sind im Bereich „Mobilität" CO_2-Einsparpotenziale vorhanden. Diese können für einzelne Personen sehr gut mit Hilfe von CO_2-Rechnern bestimmt werden. Für die gesamte Schulgemeinschaft ist dies jedoch schwer. Daher muss eine Mobilitätsbefragung erfolgen oder geschätzt werden. CO_2-relevant sind individuelle Mobilität und der öffentliche Nahverkehr. Ungefähr 60 Prozent aller an der Schule tätigen Personen kommen mit öffentlichen Verkehrsmitteln zur Schule. (Informationen unter: Mobilität in Tabellen (MiT 2017), auf den Websiten von dlr.de, mobilitaet-in-tabellen.dlr.de/mit/; Mobilität in Deutschland – Publikationen auf der Website von mobilitaet-in-deutschland.de)

Berechnung der CO_2-Einsparung

1. Autofreie Schule: Würden alle – Lehrkräfte wie Schüler/-innen – statt mit dem individuellen Auto täglich 2 oder 3 km mit dem Fahrrad fahren, würden pro Person 74 kg CO_2 im Jahr eingespart werden. Berechne die CO_2-Einsparung an einer Schule mit 800 Schüler/-innen und Lehrkräften.
2. Jeder vierte Schüler und jede vierte Schülerin wird im Durchschnitt mit dem PKW zur Schule gefahren. Eltern meinen häufig, es sei am sichersten, ihre Kinder mit dem Auto in die Schule zu bringen. Notiert auf der Rückseite dieses Blattes Argumente gegen diese These.

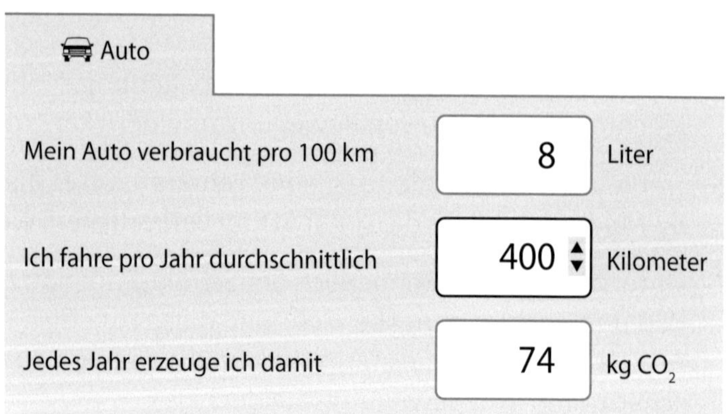

© Cornelsen/newVISION GmbH, Bernhard A. Peter

3. Entwickelt an der Tafel oder dem Whiteboard Ideen, wie der Schulweg zu Fuß attraktiver gemacht werden könnte.
4. Wie können eine Klassenfahrt oder ein Ausflug klimaschonend organisiert werden? Entwickelt auf einem Extra-Blatt Ideen dazu, und vergleicht sie in der Klasse.

978-3-589-16879-8 | Barbara Brüning, Burkhart Brüning, Michael Krieger | Themenheft Sekundarstufe – Erneuerbare Energien im Diskurs

Gesundes Essen in der Schulkantine

In vielen Schulen in Deutschland wird inzwischen CO_2-sparend gekocht. Die Schulkonferenzen tragen eine wesentliche Verantwortung bei der Auswahl eines umweltschonend agierenden Caterers. Klimaschonend sind pflanzliche Produkte aus der heimischen Region, die im Freien wachsen. So wird beim Anbau von Gemüse im Gewächshaus bis zu 100-mal mehr CO_2 freigesetzt als beim saisonalen Freifeldanbau oder dem Gemüseanbau im Garten. Es werden beispielsweise während der Sommersaison für Freilandtomaten 85 g CO_2 und für Gewächshaustomaten 9300 g CO_2 freigesetzt. Der CO_2-Ausstoß von einem kg Tiefkühl-Rindfleisch ist 30-mal höher als bei der gleichen Menge an Obst. In vielen Kantinen gibt es veganes Essen. Wer sich vegan ernährt, leistet etwas für das Klima: Der Ökologe Joseph Poore von der britischen Oxford-Universität hat 2019 für das Spiegel-Magazin berechnet, für wie viel Treibhausgase eine vegan lebende Person in Deutschland pro Jahr verantwortlich ist. Jeder Mensch in Deutschland erzeugt jährlich durchschnittlich 11 Tonnen Treibhausgase. Wer vegan lebe, spare jedes Jahr 2 Tonnen ein, darunter 670 Kilogramm CO_2. 2 Tonnen Treibhausgase entsprechen dem Spiegel zufolge etwa 8 Economy-Class-Flügen zwischen London und Berlin.

Essen in unserer Schulkantine

1. In eurer Schule ist sicher eine Kantine, die das Mittagessen zubereitet, oder ihr werdet von einem Catering-Unternehmen beliefert. Fragt die zuständige Person, ob der „regenerative Gedanke" bei der Zubereitung berücksichtigt wird. Gibt es Auflagen, welche Fleischsorten verwendet werden dürfen? Notiert die Ergebnisse der Befragung in Stichworten, und wertet sie gemeinsam aus.
2. Sollte in eurer Schulkantine nur noch veganes Essen ausgegeben werden? Diskutiert in der Klasse über diese These. Sammelt dazu Pro- und Kontra-Argumente an der Tafel oder dem Whiteboard.

978-3-589-16879-8 | Barbara Brüning, Burkhart Brüning, Michael Krieger | Themenheft Sekundarstufe – Erneuerbare Energien im Diskurs

7 | Weiterführende Literatur und Links für den Unterricht

1 URSTOFFE ALS GRUNDLAGE FÜR ERNEUERBARE ENERGIEN

Capelle, Wilhelm (Hrsg.) (1968): Die Vorsokratiker. Stuttgart: Kröner Verlag. – u. a. die Urstofffragmente der griechischen Philosophen Thales, Anaximenes, Empedokles und Heraklit – auch als kurze Texte für die Schule geeignet.

Film über die Urelemente vom Kompetenzzentrum Naturschutz und Energiewende KNE gGmbH (2021): Naturschutz und erneuerbare Energien voranbringen! Unterstütze die naturverträgliche Energiewende. – Der Film ist über YouTube abrufbar.

2 WAS SIND ERNEUERBARE ENERGIEN?

Energie aus der Erde – Filme online – Planet Schule – Schulfernsehen multimedial des SWR und des WDR – Der Beitrag ist über die Website von planet-schule.de abrufbar.

Fraunhofer ISE: Nettostromerzeugung in Deutschland 2020: erneuerbare Energien erstmals über 50 Prozent. – Der Beitrag ist über die Website von ise.fraunhofer.de im Bereich „Presse und Medien" abrufbar.

Leben mit der Energiewende – Schulversion – Der Betrag ist über YouTube abrufbar.

LEIFIphysik (o. J.): Grundwissen: Energieumwandlung | LEIFIphysik, Joachim Herz Stiftung. – Der Beitrag ist zu finden auf der Webseite von leifiphysik.de.Planet Schule – Wissen & Technik (2022): total phänomenal – Sonnenenergie. – Der Beitrag ist in der Mediathek der ARD zu finden.

WDR (2021): Was sind erneuerbare Energien? | neuneinhalb – Deine Reporter | WDR – Der Beitrag ist bei YouTube abrufbar.

3 TECHNISCHE ANWENDUNGEN ERNEUERBARER ENERGIEN

Pumpspeicherkraftwerk (3D-Animation) – Der Beitrag ist bei YouTube abrufbar.

Limpet – Wellenkraftwerk – Der Betrag ist bei YouTube abrufbar.

4 ERNEUERBARE ENERGIEN UND ETHISCHE FRAGEN

Brüning, Barbara (2021): Klima und Ethik. Themenhefte Ethik/ Religion. Berlin: Cornelsen.

Brüning, Barbara/Nachtsheim, Daniel (2021): Klima. Krise. Kinder. Philosophieren über Nachhaltigkeit und Fridays for Future. Weinheim: Beltz.

Brüning, Barbara (2018): „Gedankenspule". Lernspiele Ethik. 3. Auflage, Berlin: Cornelsen.

Gore, Al (2015): Die Zukunft. Sechs Kräfte, die unsere Welt verändern. München: Siedler Verlag.

Gore, Al/Guggenheim, Davis (2006): Eine unbequeme Wahrheit. – Der Film ist als DVD erhältlich oder über verschiedene Streaming-Dienste abrufbar.

PAPST FRANZISKUS (2015): Laudato si'. Über die Sorge für das gemeinsame Haus: Die Umwelt-Enzyklika mit Einführung und Themenschlüssel. 4. Auflage, Stuttgart: Katholisches Bibelwerk.

OTT, KONRAD/DIERKS, JAN/VOGET-KLETSCHIN, LIESKE (HRSG.) (2016): Handbuch Umweltethik. Stuttgart: J. B. Metzler.

5 ERNEUERBARE ENERGIEN UND AKZEPTANZ VOR ORT

BEERMANN, JAN (2020): Wenn der Konfliktberater 3 x klingelt. Um welche Naturschutzkonflikte geht es eigentlich in der Arbeit des KNE vor Ort? In: KNE-Jahrbuch K20, Berlin.

DANELZIK, MATHIS (2019): Es gewinnt nicht, wer am lautesten schreit! Die Lehren aus der bisherigen Dialogarbeit des KNE. In KNE-Jahrbuch K19, Berlin.

GLÄSSER, ULLA/TROJ, MARKUS (2018): Gespräche suchen, Lösungen finden – Mediation im Spannungsfeld Naturschutz und Energiewende. In: KNE-Jahrbuch K18, Berlin.

HARTLEB, ELISABETH (2020): Eine Frage der Ehre? Über Vertrauen und die rechtliche Verbindlichkeit von Mediationsvereinbarungen. In: KNE-Jahrbuch K20, Berlin.

HÜBNER, GUNDULA (2020): Was Sie schon immer über Emotionen wissen wollten. Über positive und negative Emotionen in der Energiewende. In: KNE-Jahrbuch K20, Berlin.

JENAL, CORINNA/KÜHNE, OLAF (2021): Was man von hier aus sehen kann. Der dreifache Landschaftswandel und die Erzeugung regenerativer Energien: In: KNE-Jahrbuch K21, Berlin.

KNOTHE, BETTINA (2018): Mission possible – Der KNE-Mediatorenpool unterwegs in den Regionen. In: KNE-Jahrbuch K18, Berlin.

KÖPPEL, MARTIN (2019): Der aufhaltsame Weg in den Abgrund – Wie Konflikte eskalieren. In: KNE-Jahrbuch K19, Berlin.

KRIEGER, MICHAEL/SCHOLZ, FELIX (2020): Labyrinth der Leidenschaften. Eine von allen Beteiligten akzeptierte und gemeinsam getragene naturverträgliche Energiewende vor Ort ist möglich. KNE-Jahrbuch K20, Berlin.

LINDEMANN, COSIMA (2020): Zeiten des Aufruhrs. Energiewende in Rheinland-Pfalz – Eine Zerreißprobe für Gesellschaft und Naturschutz. KNE-Jahrbuch K20, Berlin, 2020.

SCHUSTER, EVA (2020): Wind über Schottland. Wie man einem gigantischen Windpark zu allseitiger Akzeptanz verhilft. In: KNE-Jahrbuch K20, Berlin.

WEIGELT-KIRCHNER, REGINE (2020): Der Plan. Regionalplanung im Spannungsfeld zwischen Politik, Rechtsprechung, Artenschutz und regionale Akzeptanz: In: KNE-Jahrbuch K20, Berlin.

6 KLIMANEUTRALE SCHULE

TOMATEN: Vergleich zwischen Freilandtomaten und Tomaten im Gewächshaus. – Das PDF „Der natürlich gut Teller“ ist kostenlos zum Download auf der Website von umweltberatung.at – „Shop & Download“ zu finden.

WULF, JAN-PETER (o. J.): KlimaTeller Partner: Klimafreundlich essen in der Kantine – Die „Spreeschleuse“ macht's vor. – Der Artikel ist auf der Website von klimateller.de abrufbar.